解不开
就 拧成花

曹琳琳 著

沈阳出版发行集团
沈阳出版社

“山不过来，我就过去”

自序

做了 20 年记者和主持人，我比很多人都幸运，认识了太多有故事的女性。两年前，接到《妇女》杂志社总编辑的邀请开设女性专栏，我有些恍惚，缓了半天才意识到，原来我也到了可以称为有故事的年纪了。

十几万字的体量，结集成书，希望有更多女性可以看到。我的文字也许并不能告诉你该如何走过低谷浅滩，但是希望给你自渡的力量。

都说四十不惑，但真实的感受却恰恰是四十才惑，年少不识愁滋味啊。人到中年，才稍微有些体悟，才发现好多事，无论多卖力气，依然解不开。于是，既然解不开，那就拧成花，结成漂亮的蝴蝶结，就像礼物盒子上的缎带，有这样的心境，也许会发现，命运给我们的都是礼物。

我的文字能结集成书，要感谢很多人。沈阳出版社的鼎力支持，1949 品牌咨询让这本书的装帧呈现了高级的质感；蒲扇画廊和乙之 Vintage’ coffee 不仅提供了图片拍摄场地，主理人还亲自操刀拍摄……还有那些我结识的优秀女性让我看到了很多生命的样本，在共识中开拓不同的可能。

其中，我的朋友超模 COMME MOI 主理人吕燕、青年演员李雪琴、2022 北京冬奥会冠军徐梦桃为本书写了推荐语，给我莫大的支持，也鼓励更多女性成为更好的自己。

人生是个向下生根、向上开花的过程。

愿你我都有“解不开，就拧成花”的勇气！

曹琳琳

2023 年 7 月于沈阳

目　录

那些花

情绪场

解不开

那些花

"雪化了不是水，而是春天"

你觉得生活不易？那就糙点！

如果说女人是水做的，那么这个女人绝对是水泥做的——扛造！

小个儿不高，不化妆，小短头，说话嘎巴脆，乍一看以为是个男的。

这是她最初给我的印象。

那时候，她是个微商，专门在微信群里卖水果。因为她的儿子小名叫小六，所以别人都叫她“水果六妈”。其实她叫吴冰，是来自阜新农村的80后。

卖水果的微商不少，卖水果的段子手可不多。

六妈卖水果和别人不一样，她张嘴就是段子，出口就是顺口溜，很多人甚至是专门来看她说段子的。那天，我第一次去采访她，是在她的库房里。不大的小屋里堆满了水果箱子，她正在理货，看到我进来，一下子热情地招呼上我。我顿时觉得一股暖流涌上心头，这样的女人就是暖水袋！

没聊几句呢，我就被六妈张口就来的顺口溜震到了。

当时，六妈随手抓起一个火龙果，现场编了个顺口溜：营养丰富分量足，个个都是自然熟；一天三个能排毒，身心健康又舒服。你要说六妈有多火，咱就不说了，比这火龙果还火呢，要不咋说呢，电视台节目组都找着我了，你说牛不牛吧？

真挺牛！这就是六妈的说话方式，几句话就得抖个包袱，还很押韵。

这个比火龙果还火的六妈是怎么练成的呢？起初是源于儿子小六特别喜欢吃水果。有一次，六妈在水果批发市场批发了一箱进口猕猴桃，30 个，她发现价格比超市便宜一半，可是吃不了又放不住，正巧她带孩子在院子里遛弯儿，就跟别的妈妈唠嗑，能不能拼着买，一人 10 个，没想到就拼成了。从此以后，用六妈自己的话说，走上了一条坎坷又辉煌的水果拼团之路。

刚开始六妈的水果群就四个人，她、她老公，她姐、姐夫，这个水果四人组怎么才能发展壮大呢？六妈想，在微信里卖水果，谁都不认识，人家怎么才能信任你呢？于是，她想到了自己的专业知识。六妈是沈阳农业大学毕业的，她就琢磨着把自己学的农业知识运用到挑选水果上。每次去批发水果，她都精挑细选，苹果啥品种好吃？啥样的西瓜不打药？什么样的橙子甜？再把这些专业知识编成有意思的顺口溜，录成小视频发到群里，让顾客都看得见，人气就这样一点点地积攒了起来。两年的时间，六妈的水果群已经有三万顾客，六妈用五部手机管理，四家快递公司专门负责她的业务，而这一切都是六妈实打实拼出来的。

生容易，活容易，生活不容易。

这个小个儿不高的女人，没有一点矫情，看到她，我在心里想，面对生活的难，真得有点她这个粗糙劲儿。

她问我：“你看过沈阳三四点的天吗？”

“有时候早出门也能看见。”

她又说：“那你一年三百六十五天都看过沈阳三四点的天空啥样吗？风雨无阻，春夏秋冬，我都能看见，因为我必须三四点起来去抢货。”

起初为了省点钱，六妈送货舍不得坐车。有一次她坐了八站地，送了一份桑葚，这一份货她赚了五块钱，坐地铁花了四块钱，利润是一块钱。六妈不嫌少也不嫌苦，她从不抱怨艰难，因为这真的没啥用。

后来生意规模越做越大，考验也跟着来了。有一次，六妈去大连批发樱桃，卖了 1000 多件，偏赶上要采摘的那几天下了雨，六妈的专业知识告诉她，樱桃下雨不能摘，口感不好，还放不住。其实，她不说，也许顾客也不会知道，但是诚信的六妈不仅给这 1000 多位顾客都退了钱，还给了每个人 5 块钱的补偿金，怕大家不知道咋回事，又录了视频。这一趟大连之行，六妈赔了不少钱，火上得嘴都起了大泡。采访的时候，她却跟我说，钱没了可以赚，但信誉丢了，一辈子也挽回不了。就凭着这股子倔劲儿，没关系没背景，全靠敢闯敢拼的水果六妈在沈阳闯出了自己的小天地。

我还记得那天水果六妈的故事在节目里播出的时候，节目的微信后台差点被网友挤爆了，留言都是来问六妈的联系方式的，水果六妈立马变身网红六妈了。过年前，我再次去采访六妈的时候，发现她的生活变化很大；不仅加了个工位打单子，实在忙不过来，还合作了一家快递公司，每次去上货都有人认出她，有位大姨还一下子把她抱了起来。

订单再加量，但是六妈不加价，六妈还是当初的六妈，不仅还能让你听上实在的段子，而且诚信买卖从来不含糊。

再见六妈那天是沈阳过年前最冷的一天，她和帮忙的助手一直在忙活着给水果打包装，怕天冷水果冻坏了。六妈手里的活儿就没停过，她一边动手一边嘱咐助手们在每个水果上都细心地包上保温棉，外面套上保温箱，确保每一份水果到达顾客手里都是好好的。我问她，红了以后有啥打算？六妈的回答依然很接地气：不管吃多少苦，一定把微商干得更靠谱。哪怕累到吐，也不把大家的信任给辜负。

这就是我认识的六妈：小个儿不高，志气高；脾气不大，野心大。

一看到她，一听到她说话，你就觉得浑身有劲儿，充满了满满的正能量。

这个从农村闯出来的女人，正是用这种不怕苦不怕累，创新实干的劲头，点亮了自己的人生之路。不以位卑，放弃奋斗；不找借口，自尊自强；不欺童叟，诚信创业。

差不多三年过去了，现在的水果六妈真的做成了网红，每天早上去水果批发市场上货的时候，她都会开通网络直播，让每一位顾客实打实地看到她是如何选品的，有视频有真相。几次采访后，我们也成了朋友，逢年过节，她都惦念我，微信里总是喊我“姐”，让你听了心里贼热乎。

我在很多场合跟人讲过水果六妈的故事，这个女人有股劲儿，她把自己的生活过得风生水起。这就是本事！

雪化了不是水，而是春天

最近刷到某品牌的一个视频广告，是哲学家刘擎和李雪琴的对话，看似无意，实则有意地在探讨现代人的内心需求。

对话是围绕陶渊明那句著名的诗展开的，“采菊东篱下，悠然见南山”，现代人还找得到去南山的路吗？也许很多人都曾经想像陶渊明一样回南山种地，李雪琴问了一个令大多数人内心困惑的问题：陶渊明是真的想归隐呢，还是在逃避呢？刘擎答：其实你不是在问陶渊明，而是在问自己。

是啊，这大概是背负压力的现代人最困惑的结。所谓焦虑就是怕自己做得不够好，人的本能就是会把自己和他人做区分，总是通过对比，找到自己的位置，所以总是被眼前的东西困住，但太近反而容易看不清楚。我们总是在焦虑中挣扎，拼搏中困惑，一次次地找寻自己的位置。所以，我们才会羡慕陶渊明的内心有座坦诚的南山，平静地面对自己的高峰，也诚实地面对自己的低谷；不在乎他人的评价，只在乎自己的内心；不再执着对错，也不再追问因果，世事再无常，也抵不过一颗平常心。

如此走心的广告说出了现代人的内心渴求，在心里为自己安放一座南山，那是一颗平常心，就像李雪琴说的那句话：雪化了之后，不是水，而是春天。这种悠然的生活态度大概是现代人所要追寻和修炼的境界吧。

这句话，我想，不是一句台词，而是李雪琴内心的真实状态。

至今，令我印象最深刻的依然是那个从机场出站口一蹦一跳向我跑来的李雪琴，脸上是带着红晕的笑，口中喊着姐，这就是自家妹子一点不生分。

和李雪琴相识，有点偶然。最初我也和大多数人一样是在短视频平台上认识她的，印象最深刻的是她那双明亮眼睛里透出的智慧，我想，这绝对是个心里有数的姑娘。

因为同是辽宁人，自然更多了份老乡的亲切，我们加了微信，成了只看不说话的朋友圈朋友。

一次，李雪琴发了一个朋友圈，照片是自己化好了妆的样子，齐耳短发加上大气的妆容，看起来很端庄，配文写道：仿佛要去主持新北方了。于是，我在下面给她留言：来吧，安排！

这不是一句玩笑话，真的成行了。

我和栏目组策划了“琴爱的新闻秀”这个小活动，邀约李雪琴来新北方做客，客串主持节目，前后策划了两个月。她的档期超满，连休息的时间都没有，很辛苦。即便这样，李雪琴仍然专程飞到沈阳，她的经纪人开玩笑对我说，真搞不懂，她干吗非要来做这个没有一分钱报酬的事。其实我心里有答案：因为雪琴对新北方有一种情结。

去机场接她，看到她走出来向我欢快地跑来时，那一刻就像看到自己的妹妹回家一样。奇怪，“奔现”的第一次见面，我们居然没有一点生分的客套，有的只是家人般的熟悉。雪琴说是看着我的节目长大的，那时候自己还在上学，和家人吃晚饭的时候就坐在电视机前看新北方这档民生新闻，这份童年的记忆一直在她心里。

时间过得真快啊，一晃新北方今年 19 岁了。这个当年看新北方的小姑娘，如今已经成为炙手可热的明星。虽然李雪琴火了，但是她的纯真依然如初，回家乡念叨最多的是老家开原的串儿和沈阳的抻面，朴实无华的接地气，率真豁达的真文艺，这两者她都具备了，而且毫不违和。

那天的录制很顺利，记忆中更多的是我们的笑声。雪琴客串新北方主持人后对我说：你的工作很辛苦啊。我说其实我和你一样都很幸福，因为我们都在做对他人有意义的事。我说：感谢你的到来，让我有机会和当年电视机前的你同在新北方。 时间能带走很多东西，我们都在成长，但是还有很多是时间带不走的，比如这份难解的情怀。

这次的新闻秀，让我们成了朋友。尽管依然是朋友圈里只看不说话的朋友，但是我一直在默默关注着这个小妹妹，欣喜的是她没有局限在网红的流量中，而是不断拓展着自己的各种可能。后来，我在各大综艺节目中都能看到李雪琴的身影，她的脱口秀有种高级的智慧，黑色幽默中又表达了态度，很多人从她身上能看到自己的影子。她的那些金句在年轻人中广为流传：真正的释怀是什么？就是当你不再想问这个问题的时候；人在生气的时候是不会哭的，受委屈的时候才会哭；大部分人的炫耀往往源于内心的极度自卑。这些话简单直接地戳中了你的内心，让你感同身受。在我看来，能把复杂的情绪用最简练的语言表达出来，这是能力，更是智慧。东北人的基因给了她幽默的土壤，这个大城市——铁岭走出来的姑娘让更多人看到了东北幽默文化的另一面，不是人性的最低处才有乐子可言，雪琴的幽默恰恰让我看到了人性中的那些自洽的闪光点，这样的幽默是高级的。

等我在录制辽视春晚时再次见到雪琴，我欣喜地发现这个姑娘更漂亮了。娱乐圈的辛苦如人饮水，这两年，雪琴更忙了，录综艺、拍电影、出单曲……满天飞，偶尔也会看到她在朋友圈里吐槽，但更多是笑笑就过去的自嘲。我知道，她挺扛造的，江湖有一千种不如意，但没有她抗不过去的。因为，这姑娘遇事总能自我化解，这是智慧更是涵养。

新年的时候，收到李雪琴寄来的新年礼盒，打开一看，里面居然放着铁岭的特产大榛子，还有印着雪琴卡通头像的袜子，以及略带文艺气质的香氛。又是接地气和特文艺的混搭，这就是雪琴本人给我的感觉，在她身上不仅不违和，还很合适。我想，很多人喜欢李雪琴，就是因为这种糅杂混搭的气质，她的文艺有根儿，不飘，让你觉得不矫情，很真诚。

癸卯兔年春节过后，雪琴的新电影上映，我特意买了票去电影院看这个小妹妹，还是那个熟悉的味道，没变，但多了成熟和自信，未来更可期。

人这一生没法决定从何而来，但是我们可以有一千种方法让自己更自在。我想，雪琴也有自己的苦恼，但是她总有办法自洽，遇事，在乎自己的内心，多给自己点盼头。

就像雪琴说的：雪化了不是水，而是春天。

你是扎鸡毛掸子的高手吗?

疫情宅家那段时间，你有没有 GET 到什么新技能啊?

是会做提拉米苏蛋糕了，还是解锁了煎牛排的秘籍?

或者重拾织毛衣这项还未失传的传统项目？再或者阳台种个黄瓜西红柿?

总之，结束居家生活的你若是没有啥新变化新技能，是不是都不好意思跟朋友同事愉快地交谈了?

表面上看，是因为疫情宅家，我们有了大把的时间，总得填满吧，总得做点什么吧。总比一家老小大眼瞪小眼来得充实些。然而，细一想，其实，这是后疫情时代带来的自省和洗牌，让你我开始重新审视自己的生活状态：你满意吗？还能做些什么？我们究竟该如何把自己的状态调整到一个绝佳的位置?

米兰·昆德拉说，“生活在别处”。然而，别处，眼下是去不成了，出市出省出国都费劲，那么，我们近处的生活呢？可不可以做点改变？那些一地鸡毛，至少可以努努力，把它扎成一个漂亮点的鸡毛掸子。

旭是我认识的一个又高又瘦的姑娘，在我眼里，她就有这种能耐，鸡毛掸子扎得十分漂亮不说，还很艺术。

第一次见旭，是在朋友馨的蒲扇画廊。那天馨举办了一个当代年轻艺术家的作品展。特别之处是，全场熄灯，每位参观者都要自己打开手机的手电筒来观看画作。馨说，这是为了让大家能把感官都聚焦在画作上，会带来不一样的观看体验。这还是我第一次在伸手不见五指的屋里看画，有点意思。

一屋子的人，借着点点光亮，看不清人，只能看画。

影影绰绰的身影像极了小时候玩的影子游戏，近大远小，动来动去，有点魔幻般的色彩。这种感觉挺神秘，反正就是模模糊糊的东西最珍贵。

终于，灯亮了！

一屋子的人面目全都清晰了，高矮胖瘦立现。也许是职业习惯，我喜欢观察人，人群中，我最先看到的就是旭。1.78 米的身高对女生来说绝对算得上鹤立鸡群，吸引我的不仅是她的身高，还有她手里的相机。所有来看展的人，好像只有她手里拿着一个相机在每幅作品前认真地拍照。其他人遇上喜欢的作品，顶多用手机拍拍，这年头，拿相机来看展的不多了。更吸引我的是，旭不是自拍狂人，手里的相机始终聚焦在画作上。

我在她身后，默默地看着，心里盼着这姑娘回个头，我想看看这么有品位的姑娘长啥样。

馨喊她一声，旭回头了。果然，是我想象的样子，直发到下颌，有双明亮的眼睛，不俗气。

事后，我跟馨提起旭时，说："这姑娘，不像本地人。"

那次，我和旭并没有认识，她让我有种不想被人打扰的感觉。

第二次再遇见，依然是在馨的画展上，旭依旧是那个又高又瘦手里拿个相机的姑娘，依旧与众不同。这次，我没忍住，这个姑娘美好的样子实在太吸引我了，于是我们加了微信，成了朋友。

转过天，没想到，旭邀请我去她家做客。我实在是好奇，这么美好的姑娘，她的家，会是什么样？

那次去旭家，让我至今难忘。家如其人，旭的家果然和她一样，乍看不惊艳，细品却韵味十足。没有表面的花拳绣腿，练的是吃劲的内功，大到家具小到茶杯，都彰显着主人的品位，亦如她本人，不俗气。

这个家，令人流连忘返。

听她如数家珍地讲解每一件中古家具的来历和设计师的故事，是种享受。我惊讶于她对每一把中古椅子竟然如此痴迷，这远比听一个姑娘给我讲她的限量版奢侈品来得更快乐。我在心里暗暗思索，这大概就是生活最好的状态吧。不疾不徐，闲适淡然，优雅而从容。那个下午，我竟一时忘了时间的存在。

此后，我们的相约自然而然地多了起来。

初雪时节，我们相约去美术馆看展，她看画，我看她，别有一番滋味。我甚至觉得，她就是这美术馆的一部分。

初夏时节，我们去河边野餐露营，这次的经历颠覆了我对一张餐布和几样零食就是野餐的认知，看着细胳膊细腿的她支起的高颜值天幕、帐篷和折叠桌椅，还有她带去的手冲咖啡壶、DIY 甜点和露营杂志……连我这么嫌麻烦的人都沉浸其中了，不免感叹：这才是真正的露营啊！

寒冬之时，也可以在她家来一场酣畅淋漓的撸串与啤酒。

我们常常分享好物，说来也怪，每次我都会被她种草，这个姑娘实在是非常善于发现生活中的美。

所有的美好都如期发生，令我猝不及防地痴迷于此。美好的生活不就应该如此吗？不需大张旗鼓，只是随风潜入夜般的润物细无声，你只需要抓住这些细碎而美好的瞬间，去体验去享受就好。这些美好的碎片就是生活本真的样子。

每次见到旭，我都有种和美好的人约会的享受。我很好奇，也很惊叹，为什么一个姑娘会有如此的能力，让自己的生活删繁就简美好如画？其实，每天奔波在城市中的你我都有或多或少的烦恼与无奈，我想，旭也一样，只是她善于把烦恼隐藏消化，并且善于发现生活里的小确幸，耐心细致妥帖地收藏起来，熨烫烦恼，展平焦虑，久而久之，收藏的都是美好，那些不美好的鸡毛也就随风去了。

把一地鸡毛扎成一个漂亮的鸡毛掸子是种了不起的能力，这种能力可以让我们的生活呈现出最佳状态，这大概就是人们常说的幸福吧！

如果你目前自认为还没有扎鸡毛掸子的能力，不妨从简单入手。

1. 稳定情绪。不着急，不焦虑，鸡毛乱七八糟，总得有耐心才能成把好手。

2. 培养爱好。爱好无关大小，无关擅长与否，只要喜欢即可，并且持之以恒，深入痴迷。长此以往，心绪自然平，品位自然升。

3. 自洽自律。自洽是不跟自己较劲，自律是自己管好自己。自洽是放松心态，自律是培养优秀。两手都要有，两手都要抓。

最后，祝我们都能成为扎鸡毛掸子的高手！

女性之美千万种 ，善良最可贵

曹雪芹早在《红楼梦》里就写过女性之美，金陵十二钗千姿百态，各有千秋。

时至今日，女性之美更加多元，放眼身边，颜值高、素养好、内心强，性格棒的新时代女性比比皆是。这些美好的女性，在各个领域里组成了繁花似锦的图画，不再是点缀，已然成了主流。俗话说得好，妻好家才好，母强娃才棒。

乱花渐欲迷人眼，但我只想写一种美。

因为职业的原因，我采访过很多优秀的女性，不同年龄不同职业不同经历，她们都很美，其中有一位女性的美让我至今难忘。

她叫程亚娟，是陕西岐山人，当年因参与西宝高速修建认识了自己的老公。她的老公是沈阳人，当年那首火遍全国的《沈阳啊沈阳，我的故乡》，让程亚娟觉着，跟他回沈阳准没错儿。于是，两人便在沈阳有了自己的家。夫妻俩在鲁园附近开了一家陕西小吃店，卖臊子面、肉夹馍、凉皮等陕西特色小吃。

这家小吃店不大，但是门口张贴着的一张告示却格外显眼，我第一次见到程大姐就是因为她的店门口贴的这张告示。

上面写着 4 个大字，特别地显眼，“免费吃饭”。再往下看，还写着:“如果你在沈阳没有收入遇到困难，你可以来到小店，告诉本店人员来份单人套餐，吃完直接走即可，不用客气。只希望在以后您有能力的日子里记得帮助身边需要帮助的人，把爱传递，谢谢！”

这个告示是程大姐贴在店门口的，遇到困难的人都可以来店里免费吃面。程大姐还细心地考虑到对方会不会不好意思，所以她特意研究了暗号，有困难的人进店只需要说“代用面”或者“A 套餐”，程大姐就懂了，一碗热气腾腾的臊子面随后就上桌。除了暗号，有时候一个眼神，程女士就能明白其中的含义。

“有的什么都不需要说，吃完了我看他困难就不收钱；有的是一进来他就特别尴尬；有的就是不吱声；还有的只是瞅着墙上贴着的那个告示。我就能看出来，他是遇到难处了。”程大姐小心地温暖着陷入窘境每一颗脆弱的心，这份细致入微的体贴透着女性特有的善念。

然而，这个消息一出，各种声音都有，甚至还有人专门来店里试探，说并不相信这是真的，甚至有人质疑程大姐在炒作。程大姐说有人来店里吃代用面她从来不问原因。有一次，有两个小伙儿来店里要吃代用面，想试探一下这事是不是真的。没想到，程大姐二话没说，立刻端上来热气腾腾的面，后来小伙儿再没来过，但却给程大姐送来了吃的。面对疑虑，程大姐从不解释从不抱怨，而是用实际行动告诉每一个人，这份发自内心的善念不会被任何声音干扰，因为她笃定地相信这世间的美好与爱永远存在。

还有人替程大姐操心，开门做生意哪有让人白吃的？担心长此以往，肯定要被占便宜的人吃黄了。程大姐一边拿着抹布擦桌子，一边自信地告诉我，她的店不但没被吃黄，来捐款存钱帮助别人的人远比来吃免费面的多。有位拾荒老人每天都来吃面，老人家吃东西都没有牙了，但是他每次临走都把门口的垃圾带走，还给程大姐送来了电水壶、剪刀等他能捡到的最好的东西，这让程大姐感动得落了泪。因为她的善念得到了最好的回馈，那是人与人之间最美好的信任与感恩。

很多感人的事在这家小店里发生，程大姐对我说：沈阳是个有希望的城市。

起初，我和大家一样很好奇，程大姐究竟为什么会在店门口贴这个告示?

她告诉我，这源于自己的父亲。程大姐的父亲是陕西岐山的手艺人，年轻那会儿走街串巷做活计，无论走到哪里，农村人都会给父亲端饭吃，这是祖辈留下来的传统。程大姐觉得，这就是人与人之间的帮助和扶持，因此，当她不远千里来到异乡的沈阳，也想着能给生活陷入窘迫的人一些实际的帮助。有时候也许不需要多说什么，一碗热面就是最好的支持！滚烫的面下了肚，也瞬间多了对抗磨难的勇气！说到动情处，程大姐热泪盈眶地告诉我，爹妈没给她留下什么钱，但是却给了她善良和好的传统，她骄傲地说自己在沈阳没给爹妈丢脸。

这家夫妻小店不仅热气腾腾，更温暖了整个沈阳城。

后来，很多听到程大姐故事的人，也像我一样，默默地捐了钱，存在这家小店，给那些需要帮助的人一点温暖。但是程大姐说这些钱她一分都没用，存在那里准备捐出去，她说一碗面她还是有能力帮助别人的，这些钱要用在更有需要的地方。

饭口开始上人了，看着程大姐和老公马不停蹄地在小店里忙活，脸上笑意盈盈，刚下锅的面冒着白气，食客们吃着热乎乎的面，说着程大姐的故事，让我顿时觉得这里无比鲜活而有生气，好像自带能量，让你走进这里就充满那股拼搏的劲儿！

有地道的陕西臊子面，有窜着炭火香的东北烤串儿，有陕西人和东北人共有的热情和幽默，更有着浓浓的温情和尊重。对很多人来说，来这里吃碗面，吃点串儿，不仅满足的是味蕾上的需求，更可以用最直接的方式，让这份爱传递，也让自己的爱心有处安放。

这碗面，吃得顺溜、温暖、舒服，也充满了向上的能量。

采访回来，我的心也觉得很温暖，这个女人身上的好品质令我久久无法平静。程大姐没有倾国倾城的容颜，但却有温暖一座城的能量。这样的女人在我心里就是最美的，这种美抵得过岁月侵蚀，它无坚不摧。她给那些遇到困境的人带来的帮助，不仅是一碗面，更是一份尊严、一份支持！

做人群中那个最靓的仔

从小，我就是那种扔在人堆里看不见的女孩，我妈教育我：做人要低调，越优秀越要谦虚。

于是，我从来都不是班级里最早穿裙子的那个。因为，按照经验判断，最早穿裙子的女生注定会招来同学们的各种目光和指点，那并不符合我妈说的低调这个词的标准，而我，必须是那个好好隐藏在人群中的人，越被看不见就越安全。

可想而知，从小到大，我都不是班花、校花级别的女孩，那些学校里的风云人物注定都不是我的人设，我要做武侠小说里的扫地僧，在我的认知里，高手都是善于隐藏的，越嘚瑟死得越快。

这种执念深深地影响了我的审美以及为人处世的观念，以至于朋友们常常好奇地问我，你这种低调的性格是怎么当上主持人的？

的确，刚做主持人的时候，我是极其不适应的，我怀疑自己有社恐，在马路上被观众认出来，我会脸红地赶紧走开；被人夸漂亮，我会连忙否认“没有没有”；遇见陌生人，我也不会主动热情地自来熟，以至于有人觉得我高冷，但其实这只是我低调的自然反应，我不希望被所有人看见。

低调这个词也贯穿了我的穿衣审美，那种一眼能看到商标的、闪亮耀眼的服饰从来都不是我的菜，我选的都是色彩饱和度低、裁剪简约大气的基本款，我把这叫低调高级有内涵，是一种高级的审美存在。如果一群靓丽的主持人拍照，你最先看到的肯定不是我，我把自己藏好了。

这么安全地过了几十年，回头想想，藏好自己是为什么呢？大概是让我觉得有安全感，其实是还不那么自信吧。

直到有一天，我结识了吕燕，她改变了我的执念。

对，就是那位大家都知道的超模，二十多年前，代表中国参加世界超模大赛获得全球亚军的超模！

我第一次看到她，就是在时尚杂志的封面上，细长的眼睛，厚嘴唇高颧骨的东方脸，太有辨识度了，在那个还是浓眉大眼高鼻梁的审美时代，吕燕的出现完全颠覆了人们的传统审美认知，因此也饱受争议。虽然，吕燕并不属于第一眼美女，但是绝对会让你难忘，反正，我就一下子记住了这张很特别的脸，而更吸引我的是吕燕骨子里透着的自信。

果不其然，吕燕不光是超模，还拍电影、录综艺，成了设计师，并且创立了个人品牌 COMME MOI。这是一句法语，意思是“似我”，彰显着女性绝对的自信。现在的吕燕已经是中国极具影响力的商界女性，她在人生的秀场上，走出了自己的步伐。

说来也巧，我很喜欢 COMME MOI 的服装，它属于比我常穿的基础款稍微多一些设计的时尚款式。更难得的是穿在身上没有束缚感，反倒是舒适和自在的，我猜也许是吕燕本身是模特，她知道衣服穿在身上不光好看也要好穿，穿衣不光为了悦人，更要悦己。

直到我见到吕燕本人的时候，我更加笃定，我的答案是对的，吕燕人如其衣。

那次，吕燕作为一日店长来到自己的品牌店做活动，因为有相识的朋友，我们有缘一聚。那晚，我们一边吃饭一边聊天，本以为模特大多矜持且高冷，但吕燕有些出乎我的意料，她很接地气，性格十分爽朗，笑声很大，嗓门很亮。

转天，和吕燕一起在她的品牌店里选衣服，我习惯性地挑选了几件都是自己常穿的款式，清一色的黑白灰驼低饱和度，没有格外的惊喜，都很安全。

“我觉得你穿这件会很好看。”吕燕拿着一件艳粉色西服套装递给我。

“啊？！我能穿吗？”我下意识地表示质疑，“我从来没穿过这么艳丽的颜色。”其实，我的内心在说：这不安全啊，太扎眼了。

“就是要扎眼啊！”吕燕笃定地对我说，“一群人之中当然要一眼看到你啊！要不，我们穿漂亮衣服干什么？”

这句话当时令我很震惊，活了几十年的我第一次觉得：啊？做人还能如此高调吗？

“你试试看。”吕燕见我有些犹豫，鼓励我。

我拎着这件粉出我人生新高度的套装走进试衣间的时候，内心还在纠结。

可是，当我穿上这身炸粉的套装从试衣间走出来的时候，旁边的人都惊呼“太好看了！”，我一时有些羞涩，看着镜子里的自己有些不太敢相信，这是我吗？还是那个扔在人堆里认不出的“安全员”吗？高调得直闪光。

吕燕在一旁眯着眼睛笑着看我，“很好看啊！这颜色很适合你！”

一听这话，不知是粉色映衬的，还是我真的脸红了，反正那天我的脸色很好看，面若桃花。

看，女人果然要艳丽才会出众！

吕燕的那句话，让我从另一个侧面看待自己，也许要重新定位了。低调之上，也可以有惊艳的点缀，这并不妨碍安全，这叫锦上添花。

这之后，我们成了朋友。

看吕燕在朋友圈里分享她日常的工作和生活，总是被激励。她总是有无穷的动力去做很多事，做大秀的时候一丝不苟，和孩子在一起无比温暖，马不停蹄地打满职场，与朋友相聚开心异常……每次看到她那张极具标识度的脸，眯着眼睛，微笑的样子，我总会觉得困难并不可怕，即便阴霾之中也能见晴天。看，这个女人活得多漂亮！

看到吕燕，我突然弄明白一个道理，女人一生追逐的就是漂亮！承认自己漂亮，接纳自己漂亮，让自己漂亮，干得漂亮，活得漂亮！做一个终身漂亮的女人并不容易，自信是第一要务，敢于被人看见是第一步，不窝在舒适的安全区，敢于站出来，去展现去明媚，让更多人看见你的美。从穿上那件炸粉色的套装开始，挑战自己的不可能，也许就有了心理暗示：看，我也很漂亮！一切皆有可能！

每次看到吕燕发朋友圈，我都会默默点赞，她也会给我的朋友圈点赞，无须多言，我们用这种方式给彼此鼓励和赞美！努力地活着！漂亮地活着！

《十三邀》专访吕燕的时候，许知远感慨："跟你接触以后，发现你身上的这个劲儿，真的很打动人！你永远都是生活在现在，向前看的人！"吕燕笑着点点头，"是的，我从来不纠结。"

我深以为然，的确，女人不一定长得漂亮，但是一定要活得漂亮！吕燕，很漂亮！

如果你也想漂亮，从被看见开始吧！做人群中那个最靓的仔！

做自己的第一

从小到大，“第一”这个词有一种魔力，总是让你情不自禁地向上攀登。小时候，考试成绩出来后，父母总会热切地询问，你是第一吗？以至于长大后，即便没有了考试，我们也已经习惯在心里给自己排个名，不蒸馒头，也要争口气。这关乎面子，甚至是尊严。

其实，做第一，真的很难。上学时差一分可能就差了好多名，太残酷；上班后才发现每月的 KPI 才是残酷得令人发指，那个排在第一的同事永远是令人羡慕嫉妒恨的对象。然而，比做第一更难的是，时时刻刻都是第一，永保第一，在我看来，这简直是不可能完成的任务，更是非人类所能及，直到我认识了徐梦桃。

就是那个 2022 北京冬奥会冠军。

“我是第一吗？”这句话，徐梦桃连问了四遍。她说，当时完成动作后，只知道自己的得分，但是不清楚其他选手的得分，更不知道自己是不是第一，所以她在反复确认，终于，当她得到肯定的答案时，情不自禁地呐喊并流下了热泪，这个画面成为北京冬奥会最让人印象深刻的经典瞬间之一。当时，看徐梦桃这段比赛时，我和沈阳体育学院的师生们一起聚在白清寨滑雪场，其中有徐梦桃的教练，也有和她一起训练的队员，所有人凝心聚气，紧张得不行。当她最后一跳腾空而起的瞬间，空气仿佛都凝固了，几百人的现场鸦雀无声，那一刻，所有人都在等待一个结果，也许是残酷的，也许是喜悦的，谁也不知道那究竟是什么。当徐梦桃稳稳地落地后，鸦雀无声的现场瞬间爆燃，响起了热烈的欢呼声，所有人都知道她终于是第一了。时至今日，我依然清楚地记得，徐梦桃的教练热泪盈眶地对我说："桃子得到这个冠军，不容易啊。"

教练的这句话，我一直记在心里，直到我专访了徐梦桃的时候，才体会到这句话的含义。这真的是一个乐观得不行，又无比坚强的姑娘，她的笑容有种感染人的力量，让你始终觉得，她就该是第一。

"我不是含着金汤勺出生的孩子，我懂事很早。"徐梦桃说。父母在鞍山小城开了一家小小的烧烤店，尽管家庭条件并不富裕，但是爸妈却舍得培养孩子。徐梦桃从小就是那种"别人家的孩子"，她笑着告诉我，四岁开始练体操，八岁已经是队里的老人儿了，成绩很好的她已经开始带着其他孩子训练了，这个姑娘从小就有种自理的能力。后来随着个子越长越高，手长脚长的徐梦桃已经不再适合练体操了，爸爸把她送去学自由式滑雪空中技巧。短短几年，她的成绩突飞猛进，先后收获了自己的第一个全国冠军赛冠军、首个世界新人奖杯、中国第一个世青赛冠军。

可以说少年得志。徐梦桃对我说，那时候她总是得第一，已经习惯到，爸爸妈妈都不需要问了，大家都习惯了她就是那个第一。然而，命运却跟这个总是第一的姑娘开了个玩笑，安排她历经坎坷四次出征冬奥。

19 岁的徐梦桃首次出战冬奥会，决赛最后一跳，她选择了难度最高的动作，但是遗憾地失误了，这一刻有泪水，更多的是不甘心。滑行、加速、起跳、空中转体，整个运动过程不超过 10 秒钟。每一个完美动作的背后，都潜藏着巨大的风险，尤其是对于女子三周台运动员来说，每一跳都充满挑战。此时的徐梦桃已经蝉联两个赛季世界杯总冠军，同时拥有世界第一的难度动作，总积分排名世界第一。索契冬奥会，徐梦桃为夺金而来。因为落地时出现一个小失误，徐梦桃再次与梦想失之交臂，摘得银牌，但是泪水遮不住她决心再次冲金的坚定眼神。平昌冬奥会失利后，徐梦桃做了两条腿的半月板手术，至今膝盖里还有两个钢钉。四次大手术，让这个坚强的姑娘差点就不得不放弃奥运金牌的梦想。

我问她：最难的时候，怎么坚持下来的？

徐梦桃再次笑着对我说：允许自己躺一会儿，但是要分时候。知道什么时候可以躺，什么时候必须站起来。

竞技体育的残酷在于大浪淘沙，不进则退。时刻保持第一是一种常人难以想象的高难度状态，更是一种身心的残酷折磨。然而，我眼前的这个 90 后姑娘却以惊人的毅力和豁达的心态完胜了命运，实现了翻转。

时间来到了 2022 年，北京冬奥会。已经过了 30 岁的徐梦桃第四次站上冬奥会女子决赛的出发台，在她之前出发的国外选手刚刚刷新了场上最高分——令人窒息的压力再度袭来。然而，徐梦桃果断选择将最后一跳难度拉满。那一天，又是大风，又是低温，但她最终完美落地，不负期望，为中国女子自由式滑雪空中技巧实现了冬奥金牌“零”的突破！夺冠后，徐梦桃身披国旗，泪流满面，在风雪中豪迈呐喊。这是激动人心的泪，是实现梦想的泪。一路拼搏，永不放弃，徐梦桃终于站上了冬奥会的最高领奖台，创造了历史。

2022 年无疑是徐梦桃的丰收年，冬奥夺冠，出单曲，跨界各大综艺，出了首部个人自传，喜结良缘……每一样，她都做得很棒，始终以第一的状态感染着身边人。

很多人以为，至此，徐梦桃终于圆梦冬奥，圆满了，以后也许退役、执教，享受这份荣誉就好了。然而，接受采访的时候，徐梦桃当着所有媒体的面，开心地大声说：“我有个梦想：我希望三年后，2026 年意大利米兰冬奥会赛场上，我能再说一句，我是第一！我答应你们，如果我拿金牌，我们一定来个联动。”说这句话的时候，徐梦桃的脸上洋溢着最灿烂的笑容，那一刻，真美！那是为梦想执着拼搏的样子，这个第一，她要持续下去！

徐梦桃这个名字，是她的姨姥姥，著名评书表演艺术家刘兰芳先生取的，意思是“梦里遇陶公，笑看红尘”，希望她是个乐观的孩子。果然，徐梦桃做到了，她就是那种抗压能力特别强，又会自我调节，能保持好心态，自律又乐观的姑娘。

看着徐梦桃在台上和孩子们互动的样子，我在心里想，真希望这种执着坚守、逆风翻盘、完成超越、攀登高峰的“桃式精神”能带动更多人，让我们都能成为自己的第一！

无论何时，都要做自己的第一，热爱生命，努力向上！

女神应无恙

这是一个盛产“神”的时代。看看网上铺天盖地的各种男神女神，YYDS（永远的神）！只要在某个领域能够做得出色，就可以被冠以神的称号，这是粉丝们的崇拜和欣赏，无可厚非，也符合流量标准。但是，究竟什么样的女人才称得上是真正的女神呢？

既然是神嘛，必定不同于凡人，至少能够在某些方面超越一众凡人。我心中女神的标准可是很高的，颜值、气度、才华、人品都必须是一流的，才能称得上是女神。诚然，很多德艺双馨的明星是粉丝心中的女神，不过，我想在普通人中寻觅女神的光环，也许更有说服力。

细算算，我采访过的优秀女性不计其数，她们都是各行各业闪光的女同胞，有行业劳模，有创业典型，有成名的艺术家，也有成功的企业家……在很多领域里，这些女同胞们都熠熠生辉，点亮了一片星空。在外，她们是独当一面的女强人；在家，她们是贤妻良母好女儿。谁说女性生来柔弱？我在这些优秀女性身上，看到的是超越常人的耐力和韧性，还有出色的创造力和责任感。这些优秀的品质不仅是社会发展的强大动力，也是作为一个女人更完整更幸福的标签。

老辽宁体育馆的总设计师陈式桐是我一直敬仰的朋友，因为老辽宁体育馆的爆破相识，如今成了忘年交。

2007 年 4 月 12 日的清晨，随着一声巨大的爆炸声，老辽宁体育馆成功爆破。始建于 1974 年的辽宁体育馆是辽宁著名的地标性建筑，承办过数百项国际国内重大赛事和演出，那是一代人共同的记忆，老辽宁体育馆也被辽宁人亲切地称作“大馆”，现在已经异地重建。

当年我采访陈老的时候，她已经 83 岁高龄了。陈老曾是老辽宁体育馆的总设计师，因为要了解辽宁体育馆的设计背景，我专程去陈式桐老人家里拜访。那是一个简单的老旧小区，三居室，房子尽管已经多年，但是收拾得很干净立整。遗憾的是，老人家已经双目失明，虽然她见不到我的样子，但是握着我的那双手是有力而温暖的。

见了面，寒暄过后，她拉我坐下来聊天。在陈老的书桌上，我看到玻璃板下压着几幅工整的小楷，字写得相当漂亮，落款是陈式桐。一询问才得知，原来陈式桐的书法启蒙老师正是鼎鼎大名的书法家启功。陈老是北京人，书香门第，大家闺秀，当年启功正是她的家庭教师。年少时，因为表哥瞧不起她作为女孩也想学建筑专业，陈式桐硬是以优异的成绩考上了清华大学建筑系，并且毕业后成为我国当代著名建筑师。说起辽宁体育馆，陈老很高兴地跟我分享了设计大馆时的故事，那是她很得意的建筑作品。

那天，我们聊了很久，我向她起身告别时，已近暮色。陈老送我们出门，我想起墙上挂着的那张结婚照，那是当年陈式桐和先生结婚时的合影，是那种旧式的婚纱照。陈老的先生也是建筑师，他们的儿子和孙女也都在搞建筑，这个建筑世家的住所并非什么豪宅，却是温馨而幸福的。以至于，告别后的路上，我依然久久忘不了那个家的质感，和物质无关，和精神气度有关。大馆爆破前，我和陈老通了电话，想邀她来观看大馆爆破，陈老很爽快地答应了。怎奈，大馆爆破日期一拖再拖，到最后受到限制，采访计划临时有变，不能请她来现场了。那天晚上，当我告知陈老计划有变时，我感受到了电话那边的失望……

本以为这次谈话会是这件事的结局，但是没想到，大馆爆破后两个多小时，我接到了陈老的电话，她用请求的口吻要我带她到大馆的废墟上看看，因为那里有她的青春和梦想……她说，如果听到大馆爆破那声巨响，她的心会碎的。挣扎了好久，她决定要给这位 32 岁的“老朋友”送终……我无法拒绝，她的要求很简单，希望我能为她拍张照片留念，于是我邀请了同事带着设备去拍照。

当我推着轮椅上的陈老行走在满地瓦砾的大馆广场上，陈老一直默不作声，陈老尽管双目失明，但是耳朵非常灵敏，当听见久违的机器轰鸣声，陈老的眼眶有些湿润。站在她身后的我能感觉到她的肩在颤抖，但是她依然保持着微笑。多么坚强的老人啊，看着自己的心血化为乌有，没有谁比她更心疼，就像母亲看着自己的孩子离去一样，这种心境是何等的折磨人啊。

临走的时候，我捡了一块大馆爆破时飞溅下来的石头作为留念放在陈老手中。她静静地抚摸着，默不作声……我想，此时在她的眼前，一定浮现出 30 多年前大馆兴建时的种种情景，有她熟悉的工地，有她想念的同事，更有她逝去的青春……我把照片洗出来连同大馆爆破的影像一起给陈老送去，她依旧微笑着说着谢谢，我能感受到她言语中的幸福！

一代人有一代人的青春，时代在发展，历史洪流中，你我也许都是不起眼的瓦砾，但是若能有过辉煌的一瞬，哪怕终将消失，也此生无憾了吧。

夕阳中，坐在轮椅上的陈式桐老人，面朝着一片废墟的大馆，静默良久，这个画面定格在我脑海中多年未散。十多年后的今天，想起这位忘年交，我想用“女神”来形容她，所谓女神，并非在于风光无限的日常，而在于宠辱不惊的瞬间，笃定而自信地面对自己的人生，坦然面对得意与失落，痛苦与哀伤。就像陈式桐老人书桌上那幅小楷，端正，顺遂，气韵不凡。

最令我高兴的是，至今，女神无恙。

女人，果然是水做的

老子在《道德经》里说："上善若水，水善利万物而不争。"

在没有遇到小琬之前，我并不能真切地体会到水是一种多么强大的力量，而小琬就是那水做的女人。

我从小受的教育一再告诉我，女人要坚强，要勇敢，甚至要和男人一样不服输。我的童年没有粉色的泡泡袖和蝴蝶结，唯一的洋娃娃还是老爸教我打军体拳的靶子。在我流泪的时候，作为军人的父亲时常厉声告诫我："哭什么哭？憋回去！"久而久之，我一度认为哭是很没出息的行为，而那些娇气的女孩子常常被我嗤之以鼻，所以，我的童年大多只和不娇气的男孩子玩，因为我们玩的是上房揭瓦、下地和泥，大多数女孩子是不愿意玩的。你们可以想象，照这个节奏发展下来，长大后的我是多么以坚强标榜自我，别的女生拧不开瓶盖需要男生帮忙，而我常常是帮那些女生拧开瓶盖的人……

依照我这个硬得不行的性格，长大后成为一个风风火火、里出外进的记者也合情合理，我也喜欢这个到处疯跑的职业。刚入行时跑突发新闻，只要新闻发生，就忘了自己的性别，想尽办法深入一线，带回最鲜活的新闻。我也由此，告别了淑女装、高跟鞋，还有其实很胆小的 BUG。那时，我的理想甚至是做一名战地记者，哪里有战争就去哪里，炮火纷飞，我在现场我报道，太酷了，那是多么有价值的事！

当我眉飞色舞地跟小琬说这些的时候，她像个小迷妹一样，眯着眼睛，听我白话，然后柔声细语地说一句：“哎呀！听你说这些我后背都发凉了。”每次听她这么说的时候，我都觉得在她面前我就是个当之无愧的爷们儿！而眼前的小琬就是我需要保护的弱女子，立马怜香惜玉起来。

其实，小琬可并不柔弱。

小琬天生长得漂亮，一头长发披肩，那双媚气的眼睛透着聪明劲儿。她还有一副好嗓子，说话柔声细气。她的主业是大学乐理老师，副业是餐饮店的老板娘。

说是老板娘，但她可不是只会吃吃喝喝的那种，而是里里外外都操心的那种。

初识小琬是因为一次采访。当时我正在采访雕塑家瞿广慈，除了采访对象，完全顾不上周围人，那时，小琬就在现场，用她的话说，是无比欣赏地看着我上下翻飞地忙活，然而我对她却一点印象没有。

没想到，再次见到我，小琬居然一下子就叫住了我。当时也是一次采访刚刚结束，我匆匆忙忙地要离开。电梯的门打开后，我急三火四地冲出来，却被一个姑娘叫住了。我一下子愣住了，因为我实在是对眼前这个漂亮的姑娘没有印象，不知我们在哪里见过。小琬简单地介绍了自己，看出我着急要走的样子，体贴地留了联系方式，就告别了。

回去的路上，我还习惯性地给她贴了标签，长发，好看，一看就是不需要自己双手讨生活的娇娇女。

本以为这只是一次礼貌的相遇，我和小琬也只是擦肩而过的过客，没想到几天后，她约我吃饭，就在她的店里。

去之前，我还有些顾虑，说点什么呢，又不熟。可是坐下后，我完全被眼前这个姑娘的细致体贴所折服，待客周到又温暖。出乎意料的是，我们相谈甚欢，更让我觉得不可思议的是，性格完全不同的我们两个，在这之后，竟然成了闺蜜。

至今，我都还在迷惑中，小琬究竟给我下了什么药，让我对她竟如此喜爱？我们是如此的不同：她柔，我刚；她善于变化，我却倔强……我们之间有很多的不同，但却不妨碍我们成为闺蜜。后来，我想，也许正因为我们是如此的不同才会彼此欣赏，因为自己没有的，对方都有。

后来，我越发地印证了自己这个观点。

突如其来的疫情令很多行业陷入了困境，尤其是服务行业。没有顾客，就意味着生意陷入停滞，现金流缺失的情况下，很多店都经营不下去了。那段时间，我常常为小琬捏把汗，连老爷们都要撑不住了，她一个弱女子能行吗？然而，小琬再次颠覆了我的认知。

她的心态超级稳，心里有谱，手里有活儿，按部就班给餐饮店制定营销规划，积极想办法，给员工培训做计划；不仅培训业务，还在企业文化上下功夫，让员工在她的店里工作更有归属感。虽然每天她都会开会做计划忙到半夜，常常抽不出时间吃口饭，但是却依然可以抽空做个美甲逛个街，因为这个姑娘绝对不允许自己邋遢，要时刻呈现出最好的状态。小琬的抗压能力让我很是钦佩，这个姑娘绝对不弱，反而是发自内心的强大。

小琬常对我说："爱出者爱返。"这是她对人对事的常态，从不计较回报和付出，只是不断地修炼自己的心性，外柔内刚，成为更好的自己。她若盛开，一切自然来。

曹雪芹在《红楼梦》里写"女人是水做的"。以前，我不以为然，全当这是对古代女性的浅薄认知。现代女性讲的是强大独立不依附，我以为山才是最强大的，坚挺如初从不倒下。认识小琬后，我开始发现，水才是最强大的，看似柔弱，却可以无声无息地滋润万物。都说水往低处流，无数的溪流终归大海，而大海永远把自己放在最低处，包容万物。做女人当有这份水的柔情和态度。做山，未免过于坚硬；做水，才是蕴含力量于无形，潜移默化中就有改变一切的力量。

你看，小琬就改变了我，至少，认识她以后，我变得柔软了许多。也许现在的我还只是泥石流，做不到是水，但假以时日，我想我们都可以成为一个外表柔和而内心笃定的女人。

水利万物，做女人大概如此吧。

给自己一点儿甜

最近,“刘畊宏女孩”都在跳毽子操,而“王心凌男孩”都在跳《爱你》。

据说王心凌《爱你》的前奏一出,好多 80 后、90 后宅男大呼“爷青回”。

更神奇的是各大网络平台上与此相关的短视频:已经 30+ 的中年男粉一听王心凌的《爱你》,就会从卧室、厨房、书房里冲出来,放下锅铲、拖把,顾不上洗头,甚至一边拄拐玩游戏,一边跟着电视屏幕一起大跳《爱你》……

到底发生了什么?一个多年未见的中年女人怎么有这么大魔力?

导火索是王心凌登上了《浪姐 3》的舞台。已经 40 岁的她绑着高马尾,穿着衬衫和短裙,一身学院风打扮,甜美可爱,少女感十足。唱起她那首经典的《爱你》,当年甜心教主的甜美感果然名不虚传,时间仿佛一下子让观众们回到了那个听磁带投票发短信的年代。

王心凌因此热度飙升,不仅在节目播出后创造七条微博热搜,还登上了抖音娱乐热榜,甚至因这股热爱居然还撑起了上市公司股价。之后,“王心凌男孩”一度成为和“刘畊宏女孩”并列的热词。

王心凌带来的这波回忆杀挺狠啊,一下子炸出了不少中年男粉,唤醒了不少已经成家立业的中年男人对当年青春无限的回忆。有网友神评论:“我死去的青春突然攻击我。”还有人说:“追她时我高三,现在我三高,可是她居然还是那个少女。”

网上流传一句话，说王心凌的粉丝只是老了，不是死了。一个视频里，一位 80 后男粉正在吃饭，目不转睛地盯着电视里的王心凌，不由得跟着唱“OH BABY 情话多说一点，想我就多看一眼…… ”甚至眼眶一度湿润，随后抹了抹眼角害羞地捂住了脸。他反复强调：“很开心，这是自己追过的偶像，看着电视仿佛回到了当时的年纪。”

“王心凌男孩”的女友或者老婆们都啥反应呢？有位老婆说，自己在看《浪姐 3》的时候，老公一直在旁边走来走去，撸猫，玩手机，丝毫不感兴趣。但等到王心凌一出来，他立刻就回魂了，一个鲤鱼打挺，坐直了紧紧盯着王心凌，满脸笑容。还有一位“王心凌男孩”表示：“我老婆喊我出来看电视，结果看到王心凌，特别激动和开心。自己家里至今还有很多王心凌的专辑，虽然好久不听这些歌曲，但是只要听到前奏就会唱，一下子勾起了自己年轻时候的回忆。 ”

王心凌本人也在微博上回应：“刚刚工作结束，听同事说大家这几天在网络玩得很开心。如果这几天让大家想起美好的回忆，那真的是一件更好的事。我会和你们继续创造更多记忆，也希望能用音乐，陪大家走过各种历程。睡觉前，和你们约好，做更好的自己，对身边的人更好，我们一起做到。”

不知道从什么时候开始，我们好像越来越喜欢怀旧，回忆杀也成了不少综艺节目引发观众共情的撒手锏。不止王心凌，周杰伦两场演唱会重映，罗大佑和孙燕姿线上开演唱会，我们就像坐了一台时光机，和这些老歌老人儿一起秒回那个少年不知愁滋味的年代。那个夏夜，当我看着年近 70 的罗大佑唱起那首他为纪念三毛离世创作的《追梦人》，不免感慨万千。罗大佑花白的头发和不足的气力令人心酸，但是在粉丝们心中，并不妨碍他依旧是那个和三毛一样的追梦人……更因为，听他们歌的我们还没有老去，他们怎么可能老呢?

心理学家分析，怀旧其实是通过暂时逃避现在的痛苦，来应对压力的一种方式。压力是常态，哪个中年人能说自己毫无压力呢？毕竟就连小学生都流行解压玩具了，上有老下有小的中年一代自然是压力最大的承担者。尤其是疫情这三年，我们都活得很艰难。王心凌的翻红，让人觉得是件美好的事。在她的歌声里，我们很难不回忆起当初年少的自己，那时的人那时的事那时的梦……如今经历过感情的苦，工作的难，生活的压力，有多少梦想消磨殆尽？又有多少朝气化作焦虑？恍如隔世中，我们一息尚存，我们没有放弃，我们依然期待，我们可以暂时逃离艰难的中年危机。有网友说，感谢王心凌，让我知道我还活着。

是啊，生活已经那么苦了，我们都需要一点儿甜。

然而，比起王心凌多年后带来的甜蜜感，我们更需要成为自己的甜心教主。

当年还是青春年少的王心凌开演唱会，可以一个人连唱带跳 20 多首歌不休息，被称为一个人的女团，她很拼，那些爆红并非只是幸运，其实都是天道酬勤。此后，她经历过事业的挫折、转型的失败。然而，时隔多年，依旧选择直面自我，重新来过。当王心凌再次唱起那首熟悉的《爱你》，那不只是一首青春年少时的甜蜜情歌，更多了千帆过后的历练和对岁月的积淀，这些都是一个女人成长中最宝贵的财富。 当年青春的王心凌是男孩心中的甜心教主，那么如今中年的王心凌更应该是女人心中的榜样 KOL。我们羡慕的不只是王心凌宛如少女的好状态，更在意的是她历经岁月打磨后依然不放弃自己的好心态。

女人的青春，谁也留不住。岁月不饶人，但是女人也未曾饶过岁月，纵使皱纹和白发无处安放，我们也可以自豪地说：老娘风韵犹存，未来可期。

做自己的“甜心教主”，才是真的甜！

美好自有力量

岁月静好大抵是每个女人心中的向往，我们穷极一生都在追寻这个遥不可及的目标。有时以为触手可及，有时似乎极为遥远。

有人问：这种水中月镜中花般的东西，华而不实，有何用？

女人爱美，绝对是天性，但是能美出高度、美出境界、美出力量的，并不多见，雨馨是我认识的一个爱美而且会美的姑娘。

认识雨馨是因为一次采访，美术学院毕业的她在我们这座并不以文艺著称的北方城市经营一家极其文艺的画廊“蒲扇”。

“这画廊在这里能存活吗？”这是我见到她时问的第一个问题。说实话，当着这么一个文艺女青年问一个如此实际的问题，多少有些唐突，也有些市侩。我想，搞艺术的人也许天生就对这种生存问题不屑一顾。之所以成为艺术家，多少有点不食人间烟火的意味，若是也为五斗米折腰，恐怕是无法让心灵纯粹到底的。可是艺术家也要吃饭啊，这始终让我很是好奇。

雨馨给了我很棒的答案。

细眉细眼，“黑长直”，一副小鸟依人的柔弱样子，说话也是细声细气的，这和我印象中搞艺术的人不太一样，他们多半是带着不羁和豪放，而眼前的雨馨却是婉约派，像极了柳永的词，那是从江南水墨画里走出来的小家碧玉。

再聊下去，我发现，果然人不可貌相。雨馨这姑娘看似让人怜香惜玉，温柔得让我连握手都不敢用力，实际上她的内心却柔中带刚，坚韧得有些像蒲草。

“我觉得每个人内心中其实都需要艺术，艺术可以让我们觉得愉悦，让心灵更丰盛。”雨馨慢条斯理地说着。她的表达总是柔和中有自己的坚持，就像她坚持看展要收一点点费用。她会提供详细的讲解，这样可以让观展的人能珍惜和这些艺术品近距离接触的机会。她会坚持以高标准筛选出最优秀的艺术家的作品来策展，调性和水准始终在线。这些坚持，她始终都没放弃，在生存和艺术间努力平衡着。

令我欣喜的是，每次雨馨的策展都那么有新意。我曾经在她的蒲扇艺术空间，打着手电筒看展。在伸手不见五指的房间里，光亮都聚焦在画作上，人的注意力自然也不会分散。这是她的主意，新奇中让你不得不专注起来。我也曾经在她那里感受过东北菜市场的既视感，那位东北画家的作品有着浓浓的东北情怀，白菜土豆，鲇鱼茄子，酸菜白肉血肠……统统都在画上。于是，雨馨的画廊特意布置了“蔬菜摊”，看着眼前的菜和墙上的画，我有种在菜市场看展的反差感，要是还能来碗酸菜垫饱肚子就更好了，有的吃还有的看，一举多得，我在心里笑着想。还有一次，我指着那个美国艺术家的雕塑作品对雨馨说：“你看，这多像小猪佩奇的弟弟乔治？”雨馨笑而不语，而我的玩笑也并不妨碍欣赏艺术。你看，雨馨总是这么出其不意，每次都会带给我意想不到的美好。

更美好的是，雨馨精心挑选的那些画作，真的带给我冲击心灵的美好。自幼习画的我本以为自己能成为艺术家，没想到中途拐了，虽然没成为一个艺术家，但是并不妨碍我喜欢艺术。在这一点上，我和雨馨可以说心心相印。我们曾经多次交流过，艺术究竟能带给我们什么？那是精神上的愉悦和心灵上的开阔，艺术从不被定义和局限，看展的人和艺术家未必感受相同。其实你根本不用费尽心力地去弄懂艺术家要表达什么，你只要去看，亲自站在画作前去感受心灵的契合，就能获得那份美好，这和看印刷品是完全不同的。所以，我们都认为，闲暇时要多去艺术馆看展，去和艺术品待在一起。艺术馆并非门庭若市，但却装得下你的远方。腹有诗书气自华，多去看展自然美。

当我在卧室里挂上瑞典艺术家英格瓦的作品时，我明显感受到内心的愉悦，这和买包带来的愉悦感完全不同，艺术品带来的愉悦感更持久也更强烈。看着雨馨帮我挂画时一丝不苟的样子，我笑她太认真了，嘴里说着“差不多就行”。雨馨却依然认真地衡量着画和灯的距离，“这样才完美！”等她量完挂好，我突然觉得眼前这个姑娘可真行，那些表面上的岁月静好，内里都是认真和坚持。

再后来，我们成了好友，除了看展，也会一起相约露营。这姑娘又让我见识了什么叫处女座的事无巨细。露营需要准备的各种东西，从装备到食材，她每次都会拉清单，分配我们去买什么，然后在露营的时候把这些东西布置好，还负责拍照修图，我封她为“艺术总监”。这个女人对美的执着体现在方方面面，绝对不允许不美的东西出现在视野里。每次我都会提前小心翼翼地询问“艺术总监”，本次聚会服装是什么色系和风格的？免得我破坏了画面质感。长此以往，我的审美也被雨馨带得提升了一个水准。

物以类聚，人以群分，尤其是女人，都愿意和自己同频的人一块玩。很庆幸我能遇到文艺的雨馨，让我重拾年少时的文艺梦，因为她，让我和生活中的很多美好不期而遇，也让我觉得岁月静好也许并不是那么遥不可及。只需要你的内心保有那份美好，去看去感受去坚持，岁月静好其实触手可及。

其实，生存和美好并不矛盾，在力所能及的范围内，即便我们不是艺术家，也可以让生活艺术起来。买一束自己中意的鲜花，插在花瓶中；去欣赏那些有生命力的艺术品，去打卡心仪的书店和咖啡馆，去旅行去露营去热爱……去感受生命中的美好，你会发现我们的生命无形中增加了很多厚度，丰盛中更有生命力。艺术不能当饭吃，但是艺术可以让饭吃得更有滋味！

你要相信，美好自有力量！

女人的底气取决于什么?

有句话叫：男人要有骨气，女人要有底气。

女人的底气究竟取决于什么呢？这个问题你如何回答？

都市女性最关心两大问题：一是工作，二是情感。

我们都曾经是慢慢地在经历中成长的傻姑娘。能在这个浮躁的世界愿意踏实向前走，让你成长的往往不只是速度，更重要的是内心的一份冷静与脚踏实地。

渐渐地，当初的傻姑娘都在成长中想活成都市精英的模样，不仅仅知道自己要什么，内外兼修，最重要的是在真实的环境中真正能展现向前推动的力量。

不管你是职场小白，还是双高精英，或者是创业的富二代，都在马不停蹄地为自己的小目标而努力奋斗，有事做，你就魅力倍增。

而感情的事，就不好说了，每个人对待爱情的态度都不一样，大多数的姑娘们天生都是渴望真爱的。

于是，有人说：对女性来说，做得好，不如嫁得好。

岁数大了，身边的女人生存样本多了，对这个问题的答案我也不停地在变，唯一不变的是，女性自身必须要有足够的底气。做得好的人大多是能够清晰认知自我的女性，相辅相成，嫁得大多不会太差。

我想，女性的底气不仅取决于经济独立，还有下面这些品质。

善良：历经磨难仍相信美好。

分享一个我们曾经采访过的真实故事。

2001 年，辽宁最偏远的建昌县魏家岭乡柴木沟村，迎来了三名师范毕业的年轻女大学生，杨素梅 23 岁，王丽丽 22 岁，李辉只有 21 岁。她们都生在建昌，家庭条件都不错，后来又考入了河北、锦州等师范院校，早已习惯了城市里的生活。

当年的柴木沟各种条件都很差，光秃秃的山上连棵像样的树都很难见到，庄稼地少得可怜。进山有 50 里的山路，全是碎石铺出来的。当年村小学里的代课老师全都 50 来岁，因为村里太穷，已经几十年没来过新面孔了。三个年轻女孩的到来，就像一股飓风，使这个贫瘠、闭塞的小乡村一下炸开了锅。村里人既兴奋又犯合计，还有人天天掐指头算着，看这仨娇滴滴的女娃，到底能挺几天。

第一天下课，三个女孩子就回到宿舍抱头痛哭。房子是露天的，没有照明，喝水得去井里打，井干了就去挖河沟，即便打上来水也能沉淀出半盆泥沙。学校没食堂，她们就吃方便面，带来的食物都吃完了，只能自己开灶，每天屋里都乌烟瘴气。

大山里的日子很枯燥。别说认识什么朋友，那个年代就连通讯都没有，当有什么新鲜事传到他们这儿时，在山外早已是旧闻了。寂寞的时候，三个女孩子就靠在一起相互鼓励，做彼此的依靠。她们每天要从住处 100 米以外抬水，吃很少的青菜，两个月才能回一次 50 里以外的家……

渐渐地，老乡们也开始相信，这仨姑娘，没准真下决心要留下来，帮助村里的娃娃们改变命运了。其实最让三个女孩窝心的是，孩子们对她们的依赖。每天上学，他们都会等在山坡上；有的孩子把家里舍不得吃的罐头、鸡蛋偷偷放在她们宿舍门口；还有三个孩子，送给他们一面镜子……王丽丽还因此收获了一段浪漫的爱情。

2002年，她们的故事上了电视，很多人深受感动，给她们写信。其中有一名营口的帆船运动员爱上了王丽丽。第二年，两人在亲戚朋友的祝福下领了结婚证。后来杨素梅也结婚了，有丈夫，有孩子。李辉却仍然孑然一身。十年间，她教过的孩子里，有的已经考上了大学。二十岁时，她总觉得要趁年轻干一番事业，而等到身边的朋友都嫁了，她才发现已经错过了恋爱的年龄。偶尔听说哪个同学嫁了好老公、找了好工作，她也会悄悄落泪。而她不知道的是，在孩子们眼中，她是这个世界上最美好的女子。

几年前，新北方发起了七彩心愿书包的活动，不仅为山区的孩子送去学习用品，还有志愿者去那里支教。

坚强：并非不示弱，而是百折不挠的韧劲！

多年前，我曾经采访过一位叫赵晨飞的脑瘫女孩，1985年出生，出生时因缺氧造成重度脑瘫。晨飞的行为和语言能力极度受限，她无法像常人一样说话，无法控制自己的四肢，头部也会不由自主地左摆一下右摆一下。23年来，她的生活完全不能自理，手脚不能自如行动，只读过六年特殊教育学校，却完成了20多万字的文学作品，其中还包括百余首古体诗歌。写文章的时候，她用脸颊拨动鼠标，用鼻尖和下巴敲击键盘。练着练着，晨飞的鼻头和下颌肿了，磨破皮了。

我没有想到，赵晨飞历时5年写下的20多万文字被集成《不屈的天使》终于出版了，她特意送给我一本，书中充满了她的感激之情，字里行间洋溢着爱的信息。赵晨飞说，她一方面希望用文字来感谢社会各界对她的关爱；另一方面希望借此书与所有残疾朋友共勉，一起分享坚强与爱。

这两个故事只是沧海一粟，我们身边有底气的女人，你一定能列举出很多，因为越来越多的女性活得更自信也更有魅力。

有人说，女人有钱才会有底气，自己买房买车，甚至自己养孩子的女强人，身边比比皆是。很多时候，我们都会羡慕地说，看，她一个人什么都行！的确，钱能解决很多生活中的问题，没有钱的底气也是嘴硬。然而，在我看来，女人的底气并不完全取决于经济独立，善良和坚强才是一个女人最大的底气，足以在最艰难的时刻支撑她走下去。除此之外，女人的底气还来自宽容，即使受到不公，仍然善待对方，原谅他人的弱点。还有不管什么年纪都不放弃的自律和学习。具备了这些优秀的品质，我想，这样的女人，也不会永远穷困的。

说到底，底气是自己给自己的！

那些闪着光芒的优秀品质才是女人一生中最宝贵的财富！

“董生活”的高级感

最近，你有没有被董洁种草？据说没有五位数你走不出董洁的直播间。

这个不紧不慢的瘦小女人在直播带货领域爆发了强大气场，她的两场直播都拿下小红书直播带货第一名，涨粉 50 多万。小红书官方数据显示，董洁第二场直播 GMV 超过 3000 万，观看人次突破 220 万。

很多明星在抖音快手这样的直播带货快平台首秀都过亿，相比之下，董洁在小红书的带货成绩一般。但是董洁的出现让我们看到了另一种可能，这个女人在喧闹的直播市场走出了自己独有的节奏。谁说直播带货必须得吆喝？得叫卖？得做戏？董洁不走寻常路，没有过度渲染产品，而是自在松弛地分享自己的爱用好物；更没有催你下单的焦虑感，而是平和温柔地劝你再忍忍，不经意间，她带火了一种“娓娓道来”平播风，这是一种中年女性充满高级感的生活方式。

“我会给大家选一些百搭日常款，大家别嫌我无聊，因为使用率是买衣服非常重要的点，有些衣服看着好看，却只能放在衣橱里。”

“先看看，再忍忍，不一定马上买，兴许再看几次，真正了解了，喜欢了，就买了。”

就是这么平和的诉说，却让董洁把很多小众、客单价高的品牌卖爆了，直击高知、高消费力的核心用户人群，关键是，这些品牌不少人都是第一次听说。

在董洁看来，选择产品的标准并不是品牌的知名度和在其他直播间卖得有多爆，而是她自己会用且喜欢的品牌，轻奢极简，个性独特，每个产品她都有足够的底气分享自己的使用心得和穿搭想法，同时输出自身的价值观。所以，我们在董洁的直播间看到的是她真实的生活场景，非常接地气，没有距离感，能让人沉浸式观看。不紧不慢，不被塞满的直播，感觉像是看一位朋友在分享日常美好的 VLOG。从穿衣到吃饭，董洁所散发的那种中年女性的松弛感格外的吸引人。有人说，她的生活态度、她的生活方式，能让普通人产生代入感，仿佛在告诉那些心有不甘的女同胞：使使劲，你也可以拥有这样的生活。

有网友精准总结：董洁卖的不是货，而是一种生活方式。

其实，董洁如今所呈现的高级生活方式并非一蹴而就，也并非没有坎坷。一开始，她的起点很高，备受命运的宠幸，成了炙手可热的新星。那一年，她才 20 岁。后来因为参演《金粉世家》成了无数人的白月光。可是却没想到，结婚生子后，她陷入窘境。很多人以为这颗闪亮的新星在频频出新的娱乐圈将会就此被掩埋，不见踪影，然而，她却奇迹般地找到了自己的赛道。其实，不是她幸运，而是她在成长。这些年，董洁看了很多书，学会了圆融变通，整个人变得更舒展松弛了，她学会了享受“妈妈”这个身份，更好地去爱儿子，努力为儿子做着种种改变。再到后来，为了儿子放下执念，和前夫冰释前嫌，完成世纪大和解。这个过程看似容易，但其实不易，冷暖自知。幸好，她的心不在绝路上，这是董洁的韧劲儿，她完成了从内耗到自洽的完美转变，亲手把当年打烂的牌打出了漂亮的王炸。

命运给你一个低的起点，是想看到你更加精彩。

董洁走过的路，其实很多女性或多或少都走过，谁的生活都避免不了一地鸡毛，鸡飞狗跳，甚至狗血悲情，但是并非每个人都能坦然面对自己的问题，拥有让自己成长的勇气和能力。然而，生活是自己的，既然不愿意做中年油腻妇女，那就下个决心改变，像董洁一样做个高级的女王吧。

没有眼光，容易走弯路；没有理智，容易走绝路。有些共性的认知，我们一起补补课复习一下吧，有助于你成为那个更高级的女性。

身材管理：判断女人的年龄，再从侧面看看她的厚度，一目了然，少女和大妈的分水岭确实是腰围。到了吃啥都胖的年纪，不能靠基因，得靠自律。咱更要管住嘴，迈开腿，高蛋白，低碳水，少糖少盐多粗粮。

形象管理：皮肤紧致，妆容大气，保持头发蓬松干燥，选择适合自己的发型，适合的颜色，气质上自然会加分不少。穿适合自己的衣服，款式上删繁就简，材质上多选醋酸、真丝、棉麻、羊毛等有质感的面料，版型要硬挺一些。颜色选择低饱和度的大象灰、米驼棕、黑白灰、雾霾蓝等，更有高级感。

认知管理：抛弃过往认知，不凭经验说“我以前如何如何”；愿意接受改变，接受新鲜事物，并且有好奇心。好奇打开格局，改变带来成长。学习是终生的事，不能躺平，当你养成持续学习的习惯，你会发现人生在任何时候都有无数种可能。

情绪管理：在各种逆境下，不抱怨很难，遇事还能控制好情绪更不易，但是可以适当降低期望，多修炼内心，放下执念，多包容多理解，做自己的情绪管理大师。

生活管理：坚持断舍离，只买对的，不是贵的，提高品位，重质不重量；把家里打扫得井井有条，干净整洁的环境会让你心情舒畅。画重点：请长期坚持一项运动，释放多巴胺，赶走抑郁，多出汗少内耗。

以上几点建议请收好！也许我们未必都能做到，但是至少可以去尝试改变现有的生活状态。对待生活，要有触底反弹的勇气和能力，不用执着于别人的认可，不用太在意别人的评价，只要我们的心，足够通达与理智，认真生活的人，终会让死局豁然开朗。

无论何时，请记得，我们都要在乌云周围，寻着微光努力活下去。心不跑偏，去做、去爱、去努力，做懂生活的自己，我们都能活得高级活得精彩！

掌控自己的生活，去做主理人

我的好友旭开了一家中古家具咖啡店，取名“乙之 Vintage’coffee”，顾名思义，有椅子的谐音，也有未知的哲学意味。

开业不到一个月，全城的文艺青年已经纷纷慕名来此地打卡拔草，在他们写的种草贴中都盛赞这位温柔的主理人小姐姐。

时不时，我也会去旭的小店帮忙。于是，每次见到旭，我改了称呼，笑着喊她“主理人”，因为我觉得“主理人”这个身份很适合她。与此同时，也理应适合每一位心里有想法的人，在我看来，做自己生活的主理人是件很酷的事。

不知道从什么时候开始，网上流行起“主理人”这个词。我专门查了词条，主理人的意思是指潮流品牌的主脑领航者。简单理解，主理人和创始人、老板、经理等的区别在于强调个体的才华、能力和经验，一个人就是一个团队，个体也能变得更强大更独立。我觉着，主理人的兴起是时代的进步，这说明很多人开始尝试按照自己的偏好、擅长和想象去做一件喜欢的事，这家店不论售卖的是啥，其实就是主理人自我的延伸。这就有意思了，那些个性的、独特的，或张扬或暗沉的，统统拿出来与人分享，生活乐趣多啊。

旭刚开始设计乙之这家店的时候，就个性鲜明地融入了自己的审美水准，装修不紧不慢，干了大半年，墙壁的颜色和灯光调了很多次，细节把控极其到位。明明举架高到可以搭三层楼板，硬是改成了开放式的半二层，墙壁上还开了几个口子，门也顽皮得倾斜了个角度……旭说是为了致敬伟大的建筑设计师柯布西耶的朗香教堂。看看，有那味了，这就是主理人的态度：我不要接地气，我要我喜欢。

来过这家店，你会发现，这里不同于任何一家咖啡店，因为咖啡不是主营，中古家具才是王者。但是这里又不同于任何一个家具店，因为并没有大批的家具展示。店里的陈设都是旭和先生精心布置的，低饱和度的中灰，透着高级感，整个空间没有布衬太多，而是留足了空白来呼吸。那些被安静地放置在其中的中古家具都是他们夫妇的所爱，每一件大师的作品都是他们耗尽心血淘来的，也是他们愿意分享给客人的。每次旭都是一边做着手冲咖啡，一边和顾客如数家珍地说着她的藏品。其实，和价格比起来，那些中古艺术品背后的故事更值钱，主理人挑选的眼光也更有价值。旭在这里，只卖自己喜欢的东西，吸引的常客也是同好，大家是同一类人，自然会亲近。我常会看到那些来打卡的年轻人来到这里，即便没有座位也会沉浸地在店里转一转，我在他们的眼神里看到的是真心喜欢这里独特的艺术氛围，懂的都懂。所以，这家店作为主理人意愿的延伸，自然吸引的是同频共振的朋友。赚钱并不是最重要的，懂产品，懂内容，愿意和客人持续交流，并且把自己的热爱分享出来，这样的人才是主理人。

也许你会觉得“主理人”这个词会不会有点矫情？好像显得太刻意？有点装？不够接地气？但是在我看来，这部分“不接地气”恰恰最可贵，代表着难得的高级感。敢说自己是主理人的人，这店和售卖的东西一定是他人格的延展，他的性格、特长、喜好、品味，当然也有短板，更有他的情绪蕴含其中。所谓，店如其人，人如其店，主理人就是这家店的人格化，极具个性的价值观和生活方式都蕴含其中，不是冰冷的，是有温度的，这就是吸引人的魅力所在。

一位过了不惑之年的朋友辞职开了家独立书店，很多人都劝他，开书店得赔死，都人到中年了，别折腾了。但是他跟我说，如果这辈子都没做自己喜欢的事，庸庸碌碌，老了之后都没有回忆，就太没意思了。他不仅没听劝固执地开了书店，更任性地只进自己喜欢的书，不受畅销书排行榜左右。朋友打赌，他的书店肯定撑不过半年。虽然每个人的阅读都有盲区，但是每当有顾客进店的时候，他都会眉飞色舞地跟人家分享这本书，或者推荐他认为更棒的书，久而久之，来他这里的顾客越来越多，很多人都是慕名来听他分享书的，这也成了这家独立书店的特色。小众而独特，就会有人买单，现在看，半年已过。

那天，去旭的店帮忙，她一个人半天做三十杯咖啡，忙得团团转，有些应接不暇。但是空闲的时候，她笑着跟我说，自从开了这家中古家具咖啡店，她遇到很多有趣的朋友，与人分享的同时自己也学到了很多知识，打开了格局和视野，自我价值感的认同也越来越棒，这份收获也是成为主理人的幸福感，因此，她也在不断学习和成长中。

在我看来，做一个主理人不在于什么行业，只关乎你的态度。持续输出的能力是主理人的核心能力，这是一种自信的态度，足够自信，去输出，去创造。拥有这种态度，你就已经成为主理人，无非是你用什么方式来呈现，开餐厅，开书店，开中古家具咖啡店……其实都好，越自我，越成功。

也许并不是每个人都要辞职开店，店只不过是一种自我表达的形式，这其中更可贵的是，我们要拥有主理人的态度，那些生活中你喜欢的事，很多值得钻研，值得分享。比如，花花草草如何侍弄得更好，能不能成为养花达人？喜欢做甜点的姑娘，能不能成为烘焙高手？愿意做手工编织的妹子，能不能成为布艺分享家？只要你细心留意，生活处处有可爱之处，把这些可爱变成真爱，并且持续热爱，你的生活也会因此而不同。

只要你愿意，其实，人人都可以是主理人。每个人都是自己生活方式的专家，这些都值得和别人分享。你越有自我，越有个性，越有自己的语言和观念，那么你就在这个主理人时代越有价值。

做自己生活的主理人，去热爱，去创造，去分享！

生而平凡却是天使

人生
从自己的哭声中开始
在别人的泪水中结束
这中间的时光
就叫作幸福……

也许你不曾想过，在你的生命中会有多少身影，有的只是匆匆过客，而有的却足以留下深深印痕……

抚顺女孩袁丽是我永生难忘的朋友，采访她三次，每一次带给我的震撼都无比清晰。

第一次见到袁丽是在 2004 年 11 月。当时还在上初中，只有 15 岁的袁丽却写出了 20 万字的长篇小说《晴天》，并且在网上发表，那时的她灿烂如星。我们在学校教师办公室见面，所有的老师同学都对她赞不绝口，夸袁丽是个才华横溢的女孩，除了这些，她还有同龄孩子的早熟和懂事。袁丽的爸妈都是残疾人，平时就靠在市场摆摊卖袜子为生，但这一家人身上却充满了生活的动力和追求，我知道，这一切都源于袁丽，因为这个健康活泼懂事优秀的女孩给这个残缺的家庭带来的欢乐。在袁丽那间不足20平的小屋里，我们聊得很投机，听她讲自己的理想，她要当作家，要赚钱养活父母，我很欣赏这个女孩身上向上的生命力和对生活的感悟。采访做完，我们也成了朋友。

第二次见到袁丽却是在戒网班。2005年3月，一向懂事听话的袁丽却突然辍学离家出走，父母担心她是迷恋网络，袁丽妈特意给我打了电话，说："袁丽最听你的话，你帮我劝劝她。"我们在戒网班的大门口相见，袁丽低垂着头，一副无所畏惧的样子，全然不见一年前的样子，但我始终不相信这一切是由于网络，因为在我眼里，袁丽是对生活充满向往、对未来充满憧憬的女孩，这样的女孩有明确的目标和方向，不会像现在这样迷茫。沟通之后，袁丽的表达和这个年纪该有的叛逆如出一辙，不喜欢父母的约束，要自由要自主，等等。于是，我给了她倾诉的空间和表达的机会。发泄过后，袁丽终于继续上学了，而现在想来，这恐怕是一场恶疾的前兆……

最后一次见到袁丽却是这样——只有70多斤的体重，蜷缩着瘦小的身子躺在床上不住地颤抖，两只小手被针扎得都是眼，这让我很难把五年前认识的那个活泼烂漫的小女孩联系在一起。就在上次辍学后，袁丽被诊断出脑室管膜瘤，而且已经开始出现各种症状，头晕迷糊，恶心呕吐，浑身疼痛，袁丽妈给我打了电话，说袁丽要不行了，就想见见你……放下电话，那一刻我有些不敢相信，我的脑海里尽是那个快乐健康向上的身影。牵挂让我一刻也等不了，放下手里的工作赶到抚顺。一进门，袁丽妈妈就哭着跟我说："琳琳你可来了，看到你就像看到亲人似的。"躺在床上奄奄一息的袁丽挣扎着要坐起来，我赶紧扶下她，握着那双冰凉的小手，眼泪止不住地流了下来。我问她现在最大的愿望是什么。袁丽说，就是想看看我，想我了。那一刻，我不知道还能为她做些什么。袁丽只说："你好好工作就好。"我很佩服她的坚强，我没有她这么坚强，我相信会好起来的，我们约定不要放弃，不管什么时候，别放弃希望。

在我看来，袁丽就像落入凡间的天使，即便心里承受着对死亡的恐惧、对生命的渴望，但是却不得不表现出超出同龄人的坚强和懂事。尽管被疾病折磨得体无完肤，但是她依然坚持参加了中考，并且以优异的成绩考上了抚顺市重点高中。即使病得很重，袁丽还是天天熬夜学习，她深知时间的宝贵，而这一年里，袁丽说是她最美丽的时候，光闪闪的。学习委员，班级第一名，还在文学社校刊写文章，老师同学都很喜欢她。袁丽的博客名“我哭了你在笑吗？”我问她为什么叫这样的名字，她说：“我总是会遇到一些事情，希望身边的人都幸福就好，她们可以把痛苦给我，我可以承担！”

那晚袁丽曾经梦到自己快要死了，看到天空里有一个自己的影子，她一直问影子，天空的背后是什么，影子告诉袁丽天空的背后是希望。在袁丽自己写的文章里，我看到这样一段话：生命本身就是一场必输之赌，无论下多大的注，最后都会输给死神，并且输得一无所有。但我仍然要赌，为的只是赢得过程中的精彩绚烂。

我帮袁丽找了最好的医生，可惜回天乏术，那年五月，这个落入凡间的天使还是离开了所有爱她的人……这一次，袁丽妈没来得及给我打电话，我没有机会和袁丽告别。知道消息的那一刻，我沉默了很久，脑海里都是我们相识的片段……我把曾经采访袁丽的片子找出来刻成了碟片，想交给袁丽爸妈做个纪念，但至今都没勇气。握着那张碟片，我就能想起那个可爱女孩的一切，何况她的父母呢？所以我把那张碟片压在了办公桌的抽屉里，更珍藏在了我的心里，等到那一天，这个天使重返人间的时候，我一定亲手把这份纪念交给她的父母！这份纪念也会永远珍藏在我心里，珍藏她给予我的一切：追寻理想的勇气、努力生活的坚强！

袁丽去世后的某个春节，我给袁丽的妈妈打电话拜年，电话那头，听得出对方的激动，我们都避免去谈起那个让我们难过的名字，我只想知道，袁丽的家人过得好不好。再后来，我的同事去抚顺采访，我托他们给袁丽的爸爸妈妈带些礼物和钱，虽然之后多年未见，但我希望这一家人能好好活着。

年少时，在《安娜·卡列尼娜》里读到：幸福的家庭都是相似的，不幸的家庭各有各的不幸。那时正值不知愁滋味的岁月，以为天下的人都该和自己一样幸福吧。终于拿着话筒采访了，二十年里数以千计的被采访对象在我的镜头中话筒前出现，分享着喜怒哀乐，我才发现，原来真实的生活各有各的不易。

十多年后，电影《我不是药神》上映的时候，我坐在电影院里，一边看，一边流泪。当主题歌响起，我又想起了这个叫袁丽的女孩。

有一天也许会走远
也许还能再相见
无论在人群在天边
让我再看清你的脸
没有神的光环
你我生而平凡

不怂，就是生活的强者

人近中年，才发现人生不易。

那些万事如意的桥段似乎只发生在电视剧里，所以，女人天生爱追剧，那些生活里的不完美，似乎都可以在完美大结局的电视剧里找到内心的平衡。

你看，那个不完美的女主角，在经历了种种坎坷之后，还能有一个完美的结局，这种人设和桥段简直就是中年玛丽苏最渴望的人生。

然而，我们真正的生活呢？有人说中年人的生活都是在玻璃碴子里找糖吃。

面对生活的不公甚至是挫折和磨难，我们究竟有多少电视剧女主的好运气？我们可以凭一己之力改变令人不满意的生活状态吗？有勇气吗？有能力吗？

说说真实的故事吧，远比电视剧更精彩。

汶川女孩杨小英是我至今珍藏的朋友，在沈阳的三个多月，我们每天在一起，从陌生到无话不谈的好朋友……认识她源于 15 年前那场灾难。

至今，我还常想起和小英相遇时的情景。2008 年 5 月，汶川地震过后的两个星期，从汶川来沈阳治疗的第一批伤员抵达，我代表栏目组去看望伤得最重的杨小英，她是一个人来沈阳治疗的，也是唯一没有亲人陪同的伤员。

其实，当时小英年纪不大，却已经是一位母亲了。地震时，她为了救在床上睡觉的孩子，自己被死死地压在了房梁下，腰椎以下完全失去知觉，菌血症更威胁着生命。那次见面，我给了孤单的小英一个拥抱，没想到却让她泪流满面，她哭着说：这么久以来，没有人抱我……就是这个拥抱让我们成了朋友。因为没有陪护亲人，我舍不得这个女孩独自一人面对痛苦，就天天去医院陪她，给她按摩、喂饭、揉腿，陪她聊天……

然而，这个川妹子身上与生俱来的乐观和坚强更深深感染了我。每次去看她，她都在病床上忍着疼给孩子做十字绣。她说：虽然看不见自己的娃，但是这是妈妈的牵挂。换药时疼得满头大汗不住喊叫，而见到我却露出笑脸招呼我坐下，临床的老奶奶和媳妇闹别扭她还不忘帮着调解……

2009 年，汶川地震一周年的时候，我的同事从汶川采访回来顺便看望了小英，但是我一直没敢看同事拍回的资料，单是录节目时小英的照片出现在大屏幕上我的泪就涌出来了。当时因为汶川信号不好，我和小英时常联络不到，打她的电话时常不在服务区，只是过年的时候通个电话。新年台历出炉的时候第一本寄给了小英，还有我们在沈阳拍的照片，希望这个给了她第二次生命的地方能带给她更多的力量。其实，这个弱小的女孩原本就有乐观生存的力量……

本以为这会是我的职业生涯中一个普通的采访对象，然而命运却让我们情同姐妹，远隔千里依然能彼此感知伤痛与幸福。同事说，小英可以平静地讲述一年前地震发生时的事，甚至带他们去看砸伤她的地方，然而看到我事先录好的视频时，小英一下子就哭了……从没想过我在她的生命里会是什么角色，也许太多的东西无法表达，就像我们相识时的那个拥抱，简单得很，却包含了很多：宽容、关怀、分担，还有爱……

虽然，时隔多年，我们失去了联系，但是小英的影子常常在我脑海中出现，尤其是当面临挫折的时候，我常想起这个女孩，想起她那爽朗的笑声，带给我很多力量。其实，就像在废墟上重建家园一样，从伤痛中走出来不仅需要信心勇气和毅力，更需要比伤痛更坚强的乐观。乐观不是忘却伤痛，不是逃避痛苦，更不是强加和硬套的，而是绝望中生出的嫩绿，是换个角度换种思维以豁达的态度对待一切，也只有乐观才有化解伤痛的力量！

如今，汶川地震已经过去十五年了，十五年的时间，让当初那场地震的幸存者各自经历了不同的人生。

你还记得那个在地震中失去双脚、失去女儿的女舞者廖智吗？地震发生前，她是一位优秀的舞蹈老师，然而一场地震让她失去孩子，失去婚姻，失去亲人，失去双腿。可是这个女人却依旧在笑，经历了常人难以想象的磨炼，坚强地重新站在舞台上。在一档节目看到她时，我就被她的笑容感染了，特别的美。

现在的廖智已经可以坦然面对自己的不完美了，她总是穿着短裙或者短裤，尽管她的假肢很显眼，让旁人总忍不住侧目，但是她却丝毫不在意，像个钢铁战士一样在外面行走。如果需要穿凉鞋，她还会在假脚的脚趾上画十个格子，涂上好看的指甲油。面对不太懂事的小朋友，廖智会笑着说，因为阿姨是变形金刚。面对别人的同情或者疑惑的目光，廖智也只是微微一笑。

闲暇的时候，廖智依然会跳舞！

是的，用生命起舞的人，不需要同情。没有腿和脚，人可以跪着走，但是生活的姿态必须站起来。

这些经历了磨难的生命如今绽放得更夺目了，我们还有什么理由向命运妥协呢？如果你正在经历坎坷，就看看这些坚强的生命吧！不怂，就是生活的强者！

保持年轻的秘籍，请注意查收

年龄的焦虑感，其实，任何时候都会有。

一个 90 后的小妹妹对我说 :“过了这年，我都三十了，老了。”

比她年长十几岁的我只能沉默，因为，实在不知道该怎么接话，年龄这个事是要看参照物的，和年长的人谈论“老”这个问题，实在是不值一提。年龄任谁都无法左右，一年年花开花落，再夺目的花朵也终将凋零，这是自然规律，即便是女神，也不能免俗。不过，女神和素女相比有一个好处，就是即便美人迟暮，也可以做一个优雅的资深女神。所以你看，我们还是不能过早地放弃自己，不逼自己一把，怎么能知道自己有多优秀呢?

尤其是，见到身边那么多比你年长还比你努力的姐姐们，我们必须要持续更努力啊，这事没捷径。

没有女人不想让自己永葆年轻态的，好像女人从出生就在和年龄这件事死磕。我认识一位皮肤科专业的医生告诉我 :“现在的女孩子在保养这件事上可比我们舍得花钱，00 后都开始做热玛吉、打水光针了。”听闻此言，我惊讶道 :“不过二十来岁，需要这么拼吗? ”医生看着我认真地说 :“都想永葆年轻，不上点手段，怎么行? ”我点点头，心里话说，在年轻这件事上，女人真是执拗得可怕。

话说回来，有谁不想年轻呢？五十岁的小姐姐想看起来像四十岁，四十岁的我想永远保持三十五岁的样子，而三十多岁的姑娘们已经开始和初老杠上了。拼尽全力，能不能如愿呢？不得不说，科技真的能改变年龄，那些舍得在脸上花钱的女人们的确看起来比同龄人年轻一些，毕竟，打了针的皮肤是真嫩，除了皱的脸就是比满脸褶子好看，紧致提升瘦脸过后的确让颜值提升了几个水准。但问题是，这种年轻还都停留在表面，谁能给我们的心也整个热玛吉，打个水光针呢？好让这颗老去的心紧致起来，饱满起来，持续焕发活力呢？恐怕，这项新课题新科技还需要研发，在此之前，我们只能自己给自己输血了。

霏姐是我认识的一位 50+ 小姐姐，给我化了二十年的妆，比我妈都了解我的长相。当初，怀孕才五十天的我没跟任何人提起此事，没想到，被霏姐化妆时一眼看穿，“你是不是怀孕了？”霏姐拿着散粉刷在我脸上扫来扫去，不经意地问。我当时真是极度震惊，“你怎么知道？”她还是不经意地回答：“你的鼻子比之前大了一点点。”听闻此言，我更是震惊，“你拿尺量过吗？”霏姐哈哈大笑：“你这张脸我闭着眼睛都能画明白，这点变化怎么能逃过我的眼睛？”时至今日，恐怕霏姐也可以像王濛一样大声地喊出那句话：我的眼睛就是尺。

不敢想，再有几年，霏姐就要六十了。那天，她在给我化妆的时候，我突然问她：“你的眼睛还没花，手也没抖，是不是可以再给我多化几年妆？”霏姐抿嘴笑笑说：“我还有很多事想做呢。”“做啥？我真无法想象你带孙子跳广场舞的样子。”

几天后，霏姐羞涩地给我发来一段视频，她开通了自己的自媒体号，分享化妆小技巧和心得，不仅如此，她竟然还坚持每晚直播，教大家如何化妆。那天，我特意去看了她的直播，尽管平日里擅长动手的她并不太善言辞，眼神中还有些不自信，在镜头前还略显青涩，但是站在聚光灯下的霏姐真是美得惊人，披肩长卷发，化着精致的妆，穿着优雅又有气质。那一刻，面对给我化了二十年妆的她，我竟然有些认不出了。

本以为她只是为玩票而已，没想到她还真坚持下来了。日常短视频更新做得很用心，把化妆的实用小技巧都拆分开，比如如何遮黑眼圈，如何掩盖法令纹，如何看起来更有气质等，每次直播还会和粉丝互动，现场教学。教别人变美的同时，霏姐也更美了。

坚持了一个月的直播，让霏姐自信了许多，也从容了一些，再跟我谈论这件事时，她很兴奋，“我就想体验一下，把我擅长的事和更多人分享。”我看她开心的样子，心里想：这就是保持年轻态的秘籍啊，让心永葆好奇，不断去挖掘自己的闪光点，和他人多分享，让自己的心更丰盛更美好。

现在的霏姐更忙了，每晚都要直播几个小时。这个工作量可不小，一开始她还担心家里人怎么看，没想到，老公每天承担了接送任务，女儿忙着给老妈买新衣整造型，亲友团妥妥的给力啊！

每天看着霏姐两眼放光忙忙碌碌的状态，真为她感到高兴，仿佛生命回流了，她真是越活越年轻了。50+ 并非步入老年的前奏，只要你愿意，依然可以激情澎湃地奏响生命的乐章。尽管霏姐的脸上有皱纹也有白发，女儿也已经研究生毕业工作了，但是她的生活并没有因此而停滞不前，依然每天乐此不疲，电量满满地做着自己喜欢的事。团队里那些年轻人比霏姐的女儿都小，但是霏姐说，和这些孩子们在一起，让她重新找回了年轻时的感觉，不怕辛苦，不怕失败，更不惧将来，这种充满希望的感觉可比打水光针效果更好。

时间对任何人都是公平的，岁月这把刀也不曾对谁徇私格外手下留情，只不过是每个人对自己的要求不同罢了，你若不放弃，岁月才不败美人。如果此刻，你正年轻，那么恭喜你，可以持续保持年轻的状态；如果你已迟暮，那么，更要恭喜你，可以从现在开始让自己的每一天都充实起来，去做自己喜欢的事，去热爱去尝试，不定义不框架，充满好奇地去丈量生活，接纳新事物和全新的自己，内心的年轻态远比脸面更重要也更持久。愿你做一个双目炯炯且从容的不老女神。这份永葆年轻的秘籍请收好，一般人我不告诉她。

我心中那些绽放的玫瑰

女人如花，谁家有女初长成，养在深闺人未识，爹妈都是捧在手心里，呵护着长大。直到被哪家臭小子骗了去，出嫁那天，爹妈还不忘多嘱咐：若是挨欺负了，回娘家。然而，现实生活中，我认识的女人却比小说更精彩，她们聪慧、果敢，甚至比男人还有担当。什么是担当？担是肩挑，当是承受。担当是一种责任，是一种奉献，更是一份舍我其谁的付出，甚至是牺牲。

那场突如其来的疫情至今令人记忆犹新。当时正值春节，也是所有人难得的假期，我所在的频道迅速组建了疫情报道应急小组。大年初一，我给新北方制片人徐玉震发了一条微信："我是党员，我身体好，我有非典报道经验，我报名参加应急报道小组，随时待命。"她的回答简短但却很有力："同志，批准你加入。"大年初六，我们的节目复播，在这个应急报道小组里，很多都是把孩子舍在家的铿锵玫瑰。我和我的战友们一起，深入疫情一线，传递防控政策，消除百姓恐慌，让宅在家的观众能够及时了解疫情的各种权威信息。走出主播台，深入采访一线，我发现和我们新闻人一起战斗的还有各行业的女同胞，医生、军人、民警、飞行员、公交司机、社区干部……那是使命担当的光芒，那是玫瑰绽放的颜色！

疫情暴发之初，防护物资紧缺。我记得，大年初五，我去医大一院采访，发热门诊已经拉起了警戒线，全部隔离。我们穿过漆黑的医院走廊向发热门诊走去，那条路也许是我这二十年采访生涯中最忐忑的路。说实话，说不害怕是假的，因为当时对疫情所知甚少，还没有充足的防护物资。我从家里随便带了一个简易的口罩，就来采访了。给我们带路的一位女医生，看了一眼我的口罩，说："你这个口罩不合格。"说完，她从兜里掏出来一个医用外科口罩，递给我，"我只有这一个了，给你戴着，戴完别扔，还能再用 。"那一刻，我被感动得眼泪差点掉下来，其实她比我更需要这些防护物资，然而她却把安全义无反顾地让给了我，这是保护和信任。

后来，当我戴着这口罩采访隔离病房的护士长吴巍巍的时候，几乎哽咽得说不出话来。她和我一样是 80 后，都有一个儿子，我的儿子六岁，她的儿子八岁，同样，我们也都好几天没有见过自己的孩子了。我问她："家人担心吗？"她告诉我，不担心是假的，但是家人都非常支持她。出发的时候：儿子对她说："妈妈你一定要早点回来，你是英雄。"其实，没有人天生是英雄，是因为有人需要，有的人才选择牺牲自己成为英雄！女人天生柔弱，然而此刻的担当让她成为当之无愧的超级英雄。

疫情这三年，是我职业生涯采访医务人员最多的时候。一次次去机场为支援湖北的医务人员送行，再一批批地去机场去隔离酒店接他们回家，看过太多次的分别和拥抱，每次我的眼泪都止不住。有一位女医生的身影，让我至今难忘。那是一位主动请战去支援武汉的医务人员，到现在，我也没机会问她的姓名。在机场送行的时候，瘦瘦小小的她背着大大的行李，父母和老公都来送行。这位女医生年龄不大，90 后，刚参加工作不久，她对我说，自己是一名医生，疫情需要她，这是她的职责所在。然而，当我要采访她的丈夫时，这个大男人却跑得老远，背对着我，挥挥手。女医生说，丈夫自从知道她报名后，一直不同意，但是却默默地帮她准备好纸尿裤。这对平凡的小夫妻令我泪目，他们只是千万人中的一分子，这份舍小家为大家的担当，令人无比钦佩。

还有一位女护士发的朋友圈，让我更深刻地理解了担当的含义。那是一位 90 后女护士，也是主动报名去武汉支援的，她和姐妹们负责的重症组每天都在和死神争夺生命。她跟我说，刚到武汉的时候，她们几个护士在隔离病房的门口商量，谁先进去？她毫不犹豫地说：“我先来。”其实，当时她推开重症监护室的门，腿都是软的，然而，干上活儿，就什么都忘了，那是对生命的担当。之前抢救一个危重患者，心跳骤停，在这种情况下，所有医护人员都是排着队，跪在床上给他做心肺复苏。经过五个人的合力抢救，每个人都按了二三百次才把这位患者的命给抢救过来，非常不容易。然而最让她揪心的，还是抢救武汉当地一位女医生。她是在抢救病人的时候感染新冠病毒的，这位女医生才三十岁，还有个两岁的孩子。我问她：“当时你害怕了吗？”她对我说：“我没有想到害怕，只是想到怎么冲上去把他们救回来，这是每一位医务人员的职责所在。”她的回答让我明白了，担当意味着什么，那是不畏艰难的勇气和责无旁贷的底气。

我采访过的这些最可爱的女人们，用她们的实际行动，默默地诠释着初心和责任。她们是 48 小时不睡觉的流调工作人员，她们是嗓子喊哑在办公室搭床的社区书记，她们是吃不上饭喝不上水的志愿者，她们是把孩子扔给家人日夜坚守在高速封闭口的交警，她们是主动报名服务核酸检测的大学生……她们是母亲，是女儿，是妻子，无数个她们，在共克时艰的日子里，有坚守与担当，有牺牲与感动，以责任守护生命，用实际行动诠释担当的意义。

我心中那些绽放的玫瑰，用最美的姿态诠释着女性的坚定与温柔，女本柔弱，但这些最坚韧的女性却拥有无比强大的力量。我无数次地想，当我们面对生活的磨难时，这坚韧就是抵御磨难的神器。愿每个女性都能拥有这种力量，活在阳光下，走在春风里，活色生香。

愿你心中有光

从古至今，女人的美千姿百态，我最欣赏苏轼的描写——腹有诗书气自华。

巧的是，一千多年过去了，人们对女人的审美仿佛回流了。尽管人造美女盛行的今天，处处是大眼睛、高鼻梁和锥子脸，甚至让你都记不住谁是谁。即便如此，如今的人们也毫不掩饰对腹有诗书的女人由衷的赞美。主持《朗读者》的董卿，让很多人忽略了女人外在的年纪，盛赞不绝于耳。脸上的皱纹并不可怕，内心的空虚才足以致命。

常有人问我，如何能永葆容颜？亲测，读书的确可以胜过医美的效果。我想，那并不是因为颜值一般而不得已地奉承“你真有气质！”

因为，有才情的女人，心中有光，自然光彩夺目。

德国有一位九十八岁的老奶奶叫海尔嘉，她是德国最古老书店的主人。这家书店诞生于 1840 年，比德意志帝国成立还要早 31 年，海尔嘉就在书店的楼上出生。书店里所有的书，海尔嘉都看过，不论世事变迁，她的书店始终都是暴风雨中的一盏孤灯，这份光亮温暖过很多人。

海尔嘉没有爱情，从不约会，她总是独自坐在收银台前，看书是她全部的浪漫。

“我能给客人最宝贵的东西不是好书，而是时间。”

“沉浸书海，暂忘尘世，某种程度上，书是一座避难所。”

这位白发奶奶孤独 77 年，一生从未得到过爱情，但是书籍却让她体验了不同的人生，也拥有了全世界。

几年前，一男一女两位客人同时看上了一本旧书，但架子上仅剩一本。海尔嘉奶奶一眼就看出端倪，让两人合买一本，轮着看。

“其实还有很多本”，老奶奶窃喜，“但能看上同一本书，是缘分啊。”

后来，这两位客人，结为了夫妻。

书籍是爱情的桥梁，对于海尔嘉来说，书籍是信仰。

因为疫情，游客锐减，很多书店都关门了，海尔嘉却仍然坚守阵地。客人不敢进店，她就把诗句打印下来，贴在玻璃上，同时还有她写的一句话——阅读，是一场无声的反抗。

记者采访这位 98 岁的老奶奶时，她笑着说：“这一年真的挺难的，但一切都会好起来的，我准备了很多好书，我们不见不散。”

2020 年的最后一夜，海尔嘉锁上书店的门，回家，读书，入眠，77 年如一日。只是这一次，她再也没醒来。没有老伴，没有子女，离世时，身边只有一本翻开的旧书。那是歌德的诗，她一生的最爱。

这位老奶奶就是心中有光的女人，这份光照耀了她的整个人生，也照亮了很多人的路。

我想起大概三年前的一天下午，我在书店无意中看到了一本书《书店的灯光》。我拿起来随便翻开一页，看到这样一句话：电子书里能夹一朵花瓣吗？电子书能摸到纸张、闻到油墨的芳香吗？这句话一下子击中了我的心。再往前翻，又看到了这样一句：咖啡馆是“在人群中独处的地方”，我一直认为，书店也是。

此刻的我，不正是“在人群中独处”吗？能独处的女人自然有独特的光芒。

书店像是一个等待你到来的情人，是那样的风情万种，当我们看到书店那温暖的灯光，即使是在一条不知名的小街道上，我们还是不由自主地靠近它，拥抱它！我想，海尔嘉奶奶用一生坚守那家小书店，一定是希望这书店里的灯光能够指引更多人，希望你也能成为心中有光的人。

书店里的灯光指引着我，也影响着我，我也希望能成为心中有光的人。

我曾经有幸成为零点书店晚沙龙的第一位分享者，此后的每个夜晚，零点书店的灯光都闪耀在这座城市里，我和数以万计的爱书人一起聊一个心仪的话题，对我而言也是收获的过程。我在每一个人的眼神中看到了光亮，除了撸串、喝酒、唱K，你还能在这座城市里找到一方关照心灵的天地。因此，我结识了很多爱书的女人。

杨泳，是我认识的一位心中有光的女人，她是普通的公职人员，双硕士，却是资深的驴友，还出版了自己的游记。初识杨泳，长发，戴眼镜，她娴静的外表实在让我很难把她和驴友联想到一块儿。她至今去过很多人迹罕至的地方，每到一处都用心地体验挖掘当地的风情。翻看她写的游记，让我感叹，人生远比你想象的精彩，完全可以出乎意料。心中的光在，就可以随时让自己的生活繁花似锦。

几年前的一个夏天，在一场换书大会上，我认识了一个叫圆圆的小姑娘。她只有七岁，她的妈妈是大学老师，陪她一起来的。她也和我小时候一样是各个书店和图书馆的常客，她回到家的时候也常常看见自己做律师的父亲在灯下读书。我相信，她长大后也会和我一样，与某本书有一场邂逅，不断地开启图书之旅，成为一个心中有光的女孩。

所以别再说：我很忙，没时间读书。

如果你想从此刻做些改变，不妨如此：

读些无用书：所谓的无用书是并非指导你该如何的工具书或者目的性

很强的实用书，无用书无关技能，只关乎心灵。这样的书对灵魂的成长很有帮助。潜移默化中，会影响你的世界观和人生态度。

打破刻板读：不用非得从第一页读到最后一页，读书本就很随意、很私密，哪怕只是翻看了一本书的一个段落，足矣。

别当任务读：你可以把书籍散落在家里任何角落，也不用非得找大块的时间煞有介事地读，仅仅需要随时随地翻看就够了，让读书成为生活中不可或缺的习惯，跟吃饭、睡觉、聚会一样。

读书有用吗？既有用，也无用。

我想，读书的终极目标，是让我们的内心变得柔软，让我们更宽容地看待世事，更温润地对待彼此，更幸福地活在人世。

那是如此的温暖！也愿你心中有光。

SMEG
SAKAMOTO

情绪场

“尽人事，知天命，实在不行，那就去他大爷的！”

不阳不知道，男人有什么用？

最近这段时间的氛围组，“阳过“和“阳康”占了C位。

见了面，朋友之间打招呼的方式都从“吃点啥？”变成了“阳了吗？”。女人们聊天的主题也从服饰包包和美食变成了吐槽自家老爷们到底有什么用。

女友楠姐心直口快，一直是家里的大女主，老公绝对是俯首称臣的典范，两口子没孩子，平日里日子过得贼潇洒，吃吃喝喝外加买买买一直是生活的主旋律。

“不阳不知道，男人有什么用？”

一见面，楠姐就急不可待地向我吐槽，甩出这么一句灵魂拷问。

一旁的小帆特别不解地问楠姐：“平日里你老公就是众人找老公的典范，对你言听计从，外加工资上交，这些还不够吗？”小帆撇撇嘴继续说：“不是我说你，女人可不要太贪心了。”谁知，楠姐接下来竟然启动了自我瓦解模式，落下泪来，把我和小帆看得一脸懵，要知道大女主可是有泪从来不轻弹的。

嗯，大女主的哭戏果然都和小花旦不同，气势如虹啊。一时间我竟然觉得，一边哭一边擦着鼻涕的楠姐竟然有几分可爱。看来女人不能太强，过强就没了可爱，偶尔示弱才显得活灵活现，这叫人气儿。

我和小帆只能眼睁睁地等她哭够了，缓过神来，楠姐才说了缘由。

“我在家要是死了，可能都没人发现。”谁知楠姐缓过神来，竟然来了这么一句。

“哪能啊，还有你老公呢。”小帆接过话茬儿说。

“以前我也以为有啥事都能指望上他，这次我阳了才发现，真是啥也指望不上他。”楠姐看着我俩极其认真地说。

前段时间，楠姐不可避免地感染了新冠病毒，抗原检测两道杠，显然是阳了。别看她平时女汉子一样的气势，但当时还真是有点担心自己的塑料体格能不能扛得住，毕竟身体难受是真格的。楠姐高烧一度飙升到 39.8 度，连烧了三天，浑身虚弱到爬起来喝药的力气都没有，一度她以为自己年纪轻轻的就要驾鹤西去了。

“嗓子像吞了刀片一样疼，啥也吃不下，但是不吃也没力气啊。”楠姐哭诉着自己的病情，“这种时候，本以为我家那位能照顾我，结果呢，他连顿饭都不给我做，高烧 39 度我还得挺着爬起来给他做粥。”

楠姐喝了一口水愤恨地说：“我要这个男人有啥用？关键时刻真指望不上，给我气得我就躺床上哭。”

此时，我和小帆面面相觑，都在脑补楠姐当时的画面，病恹恹的一个可怜女人孤苦伶仃地躺在床上，没人照顾，呜呜地流泪，妈呀，这也太凄惨了。

“不至于吧，他总能给你倒杯水拿个药吧？”我连忙诱导一下楠姐想想她老公的好处。

“水是倒了，凉的。药也给拿了，但是还得问迷迷糊糊的我吃啥药。”楠姐不满地继续吐槽，“我这要是昏迷不醒了，他都不知道给我打个 120 送医院去。”

此时的小帆在一旁幽幽地说了一句："本来我还羡慕你们这些成家的女人，一旦生病了有人照顾，不像我一个人，只能自己照顾自己。"还带补刀的，"也挺好，没人照顾我，我也不需要照顾别人。轻松了不是？"

"女人真的生病的时候，真是没人能照顾。有老人的还得照顾老人，有孩子的还得照看孩子。我一个人在床上躺了两天，瘦了四斤，啥也吃不下。"我解释道，"但是，生病的时候的确是最需要别人关心的，因为身体的疼痛需要心理的呵护才能好受点。"

楠姐点点头，"可不是嘛，我为啥哭，我就是看着自己的老爷们那个不会照顾人的劲儿感到绝望，都说人老了才需要伴，身体不行了才更需要另一半的关心和照顾啊。"

"这倒是实话，谁生病谁难受谁知道，生病时心理比较脆弱，渴望别人的关心。"小帆也认同这种观点，说，"我那天高烧的时候一个人躺在床上，头晕目眩浑身乏力，真是起不来。这时候门铃响了，我挣扎着爬起来开门一看，一个外卖小哥捧着一碗热气腾腾的馄饨站在我面前，当时我老感动了，我就在想，到底是谁默默地为我下单点了外卖？结果呢，你们猜怎么着？"小帆无奈地看着我俩继续说："送错楼了，是三号楼的单，外卖小哥送到五号楼了。"我和楠姐顿时都笑了，"你可太惨了。"小帆无奈地说："我只能眼睁睁地看着外卖小哥把那碗热气腾腾的馄饨拿走了，我当时特别想让他把馄饨留下。"

"人生病就是脆弱，哪怕是外卖订单也是心灵安慰剂啊。"我说。"可不是嘛，别拿馄饨不当关心。"小帆说，"哪怕是个让我多喝水的直男给的关心，我也觉得是好的。"楠姐补充道："拿下一个女人的心不需要拿下她的胃，只需要在她生病的时候关心照顾她。"

三个女人的吐槽一时间上升到了女人的心理需求到底是什么。其实，类似的吐槽最近我听了不少，已婚的女人抱怨自己阳了，老公根本指望不上；

异地的女孩抱怨自己阳了，外地的男人不靠谱；上有老下有小的女人没得选，只能两头忙得照顾至亲，也顾不上自家那个阳了的男人……一场身体抗阳也变成了心理考验。其实不免自省，我们到底需要的是什么？是有人嘘寒问暖端水喂药，还是有人彻夜守候做饭买菜？

生活需要落实到细节上，一场病毒感染让我们一下子发觉生活里我们真正的需求其实是关爱。当你爬不起来赚钱奋斗的时候，当你痛不欲生倍受折磨的时候，家人的一杯热水一碗热面就是治愈我们的良药。

婚姻这座围城，你还想进吗?

钱锺书先生的经典作品《围城》里那段经典语录,想必大家都耳熟能详。“婚姻就像一座围城，围在城里的人想逃出来，站在城外的人想冲进去……”方鸿渐经历了五段感情，不断地取舍，才在纠葛中看清了婚姻的本质。

有人说，看懂了《围城》，你就明白了婚姻。时至今日，婚姻这座围城已经变了样，围城里的人依然想出来，但是围城外的人却未必想进去。人来人往，活色生香。

最新的民政部大数据显示，2022 年全国离婚率是 43.53%，80 后是离婚的主力军。这的确符合生理规律，毕竟 60 后、70 后都开始含饴弄孙安享晚年了，没太多力气折腾了。80 后们正值壮年，上有老下有小，生存压力大，情感需求旺盛，中年危机笼罩下的顶梁柱们真心不容易啊，有理由心疼自己。

民政部门公布的相关信息显示，2022 年上半年中国离婚率十强城市分别是北京、上海、深圳、广州、厦门、台北、香港、大连、杭州和哈尔滨。其中北上广深位居前四。上海、浙江、山东、广东、福建、天津结婚率全国倒数，其中上海、浙江、山东排名倒数前三，分别为 4.1%、5.0% 和 5.3%。

从排行榜中我们不难看出，经济发达地区的离婚率偏高，而且结婚率低于全国平均水平 6.6%。

中国人结婚少了，生育少了，离婚多了，这是为什么呢？

“婚都不想结，还生什么孩子？”女友微微是个标准的 95 后，她说的这句话也许是当下很多年轻人的选择，结婚率下降、离婚率上升、生育率下降是互为因果的。

深究这个问题，涉及的维度可就多了，足够写一篇深入探讨的论文了，我们几个年龄层各异的女人讨论的只是皮毛。

“要我说，这就是钱闹的。”说这话的是蕾姐，快人快语的她一向见血封喉。“没那么多钱的时候，到啥年纪就干啥事，没见谁耽误找对象结婚生孩子。你看看，现在生活好了，反倒各个要求也多了，这个不行，那个不合适。这就好比以前你只有双布鞋，穿破了都舍不得扔，现在呢，各种样式的鞋都有，这个不舒服了换了，那个不好看了扔了，事多！”

蕾姐绝对是到什么年纪做什么事的典范，她的人生轨迹按部就班没有一点差池，大学毕业就上班，上了班就找了对象，没几年就结婚，生了一胎，再过几年响应国家号召又生了老二，一家四口打打闹闹地过着人间烟火气的生活。

95 后的微微可不这么想，她想的是，这样接地气的生活简直无聊又无力，真不如下了班约几个好友玩狼人杀过瘾，周末休息了还能出去嗨，天好了去露营，天不好就宅在家追剧打游戏。让我纳闷的是，不谈恋爱不结婚的微微最钟爱的居然是恋综，难道看别人谈恋爱比自己谈恋爱更过瘾？

“话糙理不糙……”80 年的小于扶了扶眼镜，认真地说。她可真是我们几个朋友里最标准的学霸，念的 985，读的法律，现在是一家律所的合伙人，一路披荆斩棘打过很多牛官司，说话从来都是引经据典滴水不漏。严格意义上讲，小于不算 80 后，因为她出生在卡点的 80 年，又比同龄孩子早上学，她的同学都是79年、78年的，所以小于的言行有很明显的70后痕迹。她目前是离异且单身，最牛的是离婚官司还是她自己打的，手刃出轨的前夫，那叫一个痛快。

“从人类进化史来分析……”律师小于常常执着于把我们这帮女人毫无逻辑的话整理出条理性，“我们的祖先走出丛林，从母系社会到父系社会，从一夫多妻到一夫一妻，选择婚姻家庭的最原始目的是生存，尤其是在物质匮乏的社会背景下，需要合作才能实现个体良好的生存和发展，于是婚姻制度应运而生。如今的社会物质极度丰富，个体通过一定的努力都能获得生活所需的物质，而且也有更多的选择让自己获得幸福感，反而是结婚以后生活成本变高了，降低了自己的生活品质，甚至还要经历背叛和煎熬，如果是这样不堪的婚姻，有点能力的女人恐怕都不会忍气吞声困在围城里。”

“同意！”微微举起一只手，表示赞同，“所以啊，我们新一代年轻人对婚姻真没有很高的热情去迎接它。”

“我们可以做一期关于婚姻话题的节目了！”我笑着说，“我曾经看过一个媒体做的调查，从新一代年轻人的婚姻观分析，他们更倾向于追求独立自由与高品质的生活，对婚姻持开放的态度，尤其是女性自我独立的实现与自我意识的觉醒，她们不再把婚姻当作实现自己人生目标的唯一途径。”

“对啊，我身边有很多这样的姐妹，上班的，创业的，做自己喜欢的事，每个人都把自己的生活过得活色生香，男人不是必需品啊。”微微肯定地说。

“我采访过很多这样优秀的女性。”我表示赞同，“有越来越多的女性通过不断提升自己的能力，让自己增值，在更广阔的天地发挥自己的价值，通过价值实现让自己获得幸福。家庭只是她们的其中一个战场，她们不会让自己陷入无尽的家务中，而是选择通过经济独立解放自己的双手，让自己获得时间上的自由，进而实现精神独立。”

说到这儿，我们几个女人都若有所思起来，“独立”这个词简直是所有女性共同的痛点，追求独立和自由也许是很多女性一生的课题。打败婚姻的是鸡毛蒜皮，琐碎的生活会让人身心疲惫，鸡毛蒜皮也会消耗彼此的感情。而在婚姻这座围城里待久了，那些鸡毛蒜皮更容易磨损我们的斗志，渐渐地，那些曾经的梦想和追求也都随着日复一日的平淡烟消云散，午夜梦回恐怕都没力气再回想，毕竟孩子刚刚被哄睡，第二天的早餐还要等着你起来做，能多睡一会儿已经是最幸福的事了，哪儿还有力气想别的！

“让人恋爱的基因叫苯基乙胺，它可以带来精神的愉悦，但是由于苯基乙胺分泌的时间只有 4 个月到 6 年，一旦过了这个期限，就是人们常说的激情不再，就像左手摸右手，没感觉了。”一直沉默不语的小赵医生插了一句话，她真的太忙了，我们几个闲聊的工夫，她还在给一位病人线上回复病情。小赵夫妇都是医生，他们的日常对话也常常是医学探讨，任何婚姻里的鸡毛蒜皮都能归结为医学问题，也算是志同道合。

“最高人民法院曾发布数据称，女性主动提出离婚的情况占到全国审结的离婚纠纷案件总数的 74%，成为离婚原告主力军。出轨、债务、父母干预、子女教育等是离婚案件中最主要的诱因。”小于律师拿出了大数据论证，在她打过的离婚官司里，什么样的当事人都遇到过。“常年的婚姻生活让彼此从熟悉到厌倦，很多男性抱怨妻子唠叨，教育孩子鸡飞狗跳，嫌弃妻子年纪变大后身材走样，然后男人给自己的出轨找到了合情合理的借口，女人哭天抢地地咬牙琢磨怎么能不轻易放过对方，要让他付出血的代价。这就是残酷的真相。”

“结婚其实是换了一种生活方式，激情和浪漫不是婚姻的常态，平凡琐碎操劳才是。”蕾姐沉默了一阵说，“无法接受现实与想象的落差，这种大失所望的感受，就会导致生活中所有的小问题、小情绪，都会得到无限的放大。接下来，就会去质疑自己的选择，并且无数次地预设离婚的可能性。如果不能充分认识和接纳婚姻的本质，即使换了一个男人也无法过上自己想象中的婚姻生活。”

我点点头肯定地说：“内心无法平静下来，不能坦然接受，夫妻之间的内耗也就开始了。”

其实，关于婚姻这个话题没有定论，无数学者都做过论述，但从来没有人能告诉你，究竟该不该走进这座围城，该不该从围城里走出来，不过是如人饮水冷暖自知。钱锺书先生说过，不管你跟谁结婚，结婚以后，你总会发现你娶的不是原来的人，好像换了另外一个人。

婚姻从来不是一个人的救赎，不是任务，也不是女性追求幸福的唯一方式。无论你选择哪种方式追求幸福，都要记得，选择你能承担的，承担你所选择的。

男女的思维有多大差异？

最近，女朋友小 C 有点轻度抑郁，她约我在一家咖啡馆见面聊聊天。

一见面，她就迫不及待地对我说："气死我了！这日子没法过了……"

我把一杯燕麦拿铁推到她的面前，"请你喝冬天的第一杯咖啡。"

小 C 接过咖啡，用手环抱着咖啡杯光滑的釉面，也许是咖啡的温暖打通了她的任督二脉，一时竟无语凝噎，掉下泪来……

我没说什么，只是递过去一张纸巾，她接过纸巾，无声地擦起了眼泪，满满的委屈感在我们之间蔓延。

我们就这样，一个没说，一个没问，在阳光洒进来的午后咖啡厅里，两个中年女人相对而坐，这大概就是女人之间的默契吧，有些事不必问，也能猜出个大概，一些事不必说，也自然心照不宣。

我特别理解这种想倾诉的欲望，遇到困惑，人有时候喜欢独处，不想被打扰；有时候就特别想和朋友吐吐苦水，尤其是女人，似乎倾诉的欲望特别多。这种时候，作为朋友最好的支持就是倾听，听她把想说的话说完，你不一定要给她某种解决方案，女人要的只是倾诉的过程以及情绪的被接纳。不过，男人似乎并不明白这个道理，或者说，明白然而做不到，他们总是急于给你掰扯讲道理，告诉你这么做不对，该怎么做。这就是男女思维的差异，男人更注重问题的解决，女人更看重情绪的宣泄。正因为男女思维的这种差异化，才生出那么多罗乱和矛盾。一边是男人鸡皮酸脸地蒙圈，一边是女人莫名其妙地生气。

果然，不出我所料，小C和老公吵架的根源就出在思维差异上。

事情的经过并不复杂，然而到最后却火药味十足。

起因不过是，没回微信……但是矛盾却上升为，日子过不下去了。

那天本来小C心情不错，给老公发了一条微信，还是有点浪漫的那种，小C觉得虽然是老夫老妻了，却还是需要表达心意的。谁知，这条微信发出去了，却石沉大海……

小C想，也许是他有事耽搁了，忘了回？其实这个时候，女人的心情已经开始不爽了，我这条充满情调的微信，你居然没接茬儿？什么意思？

过了一会儿，小C正巧看到一条新闻，觉得挺有用，就转发给了老公，可谁知，这条微信依然杳无音信……到这里，女人的内心已经开始起波澜了，咋地？对这个新闻不感兴趣，还是对我不感兴趣？不过，姐也是见过风浪的，作为一个乘风破浪的姐姐，必须顶得住，哼！姐还不理你了呢。

接着，小C开始忙自己的事，收拾屋子，接孩子放学，做饭，吃饭……到了晚上，连面膜都敷上了，手机依然跟关机了一样。

此时的小C本着最后一点耐心，给老公发了一条微信：“你咋地了？出意外了？”

隔了几分钟，小C的手机终于有动静了，老公只是发了一个字“忙”……

男人可真是惜字如金啊，这一个字彻底激怒了小C，并且激发了她无限的想象力，想起两人在一起已有多年，平日里老公对自己就不怎么在意，凭什么都是我宽容他？他是不是不爱我了？一股委屈感顿时油然而生。

于是乎，当晚，当老公推开门，脱下外套，像没事人一样一屁股坐在沙发上，打开电视的时候，小C像疯了一样从屋子里冲出来，对着老公一顿劈头盖脸地抱怨。起初，老公还解释几句：在外面谈事，真忙，我这么累，你得理解我。这句话简直是万能的导火索，瞬间点燃了女人的敏感神经，“你累？我不累吗？我每天带孩子还要收拾屋子伺候你，我不累吗？”接下来的状况，可想而知，男人也火了，女人哭了，男人摔门出去了……

听完小 C 的哭诉，我竟一时不知该如何安慰。

其实，两个人都没错，都是为了家努力拼搏，都是想把日子过好。可是，他们都只是从自己的角度出发，都觉得自己是最委屈的那个，这个疙瘩就越系越大，甚至上纲上线，吵到最后，连他们自己可能都忘了最初是因为啥吵的。

小 C 是我的闺蜜，女人当然和女人是一伙儿的。为了让小 C 心里好受些，我必须帮着她先数落一下对方的不是，严厉指出对方不回微信的这个习惯是十恶不赦的，再忙，有时间喝水吃饭上厕所，都顾不上回一条微信吗？忙不是理由，还是没那么在意。小 C 连连点头，甚至觉得自己更委屈了，简直是被黄世仁剥削的喜儿。

当然，数落归数落，发泄归发泄，冷静下来，咱还得分析分析类似矛盾的根儿在哪里，很多时候“当局者迷，旁观者清”。

我记得有本书叫《男人来自火星，女人来自金星》，十多年前很火的一本畅销书，销量超过 1.4 亿册，被翻译成 40 多种语言。讲的就是男人和女人在认知上的巨大差异，并且对差异进行了分析。男人和女人就像两只刺猬，离得很近可能会彼此伤害，这些伤害大多源于男女的认知差异。主要体现在几方面：比如，男人和女人是如何面对压力和处理冲突的？身处人生低谷时，男人和女人如何做才能避免伤害彼此？男人为什么会拒绝女人主动提供的建议？女人为什么总是缺乏安全感？不停地追问“你爱我吗？”我们该如何满足彼此的情感需要？等等。这本书的作者格雷博士在书中归纳了男人和女人在认知上的巨大差异：男人习惯聚焦式看待问题，女人则喜欢发散式看待周围的一切，这个认知特点导致了男人和女人在思维模式、做事方法、交流方式上的截然不同。据说，这本书让千百万人走出了情感困境。

小 C 和老公的问题就出在男女思维的差异上，男人重在解决问题，女人重在表达情绪。老公觉得，我忙得没时间回复微信，多大点事啊，你理解一下就完了。小 C 觉得你没回我微信就是不爱我了，你还理直气壮地觉得我不理解你？男人眼里的一个芝麻，却是女人眼里的大西瓜。

关于两性差异，还有一位作家写过一本书，叫《女人这东西》，作者是大名鼎鼎的日本作家渡边淳一。因为渡边淳一本人是学医的，所以这本书的可贵之处在于把情感和医学结合起来，更有科学依据。渡边淳一从经验和情感出发，以医学理论为基础，详细剖析了从青春期到更年期的八类女性，她们在社会角色与情感生活中呈现出的与生俱来的优势与弱点，以及特殊的心理与思维方式。这本书有助于女性认识自我、完善自我，也是男人识别女人行为、洞悉女人内心的指导书。

显然，小 C 的老公没看过这本书，并不了解女人的心理与思维。然而，生活中，我们并不能要求男人和女人都去研究两性的差别，很多男女都是在经验中不断磨合成长的。

为了少走弯路，建议各位女同胞，遇事学会就事论事，别上纲上线；建议各位男同胞，遇事多往小了想，别不当回事。

大龄且单身，需要焦虑吗？

女友S找我喝下午茶。她是一个标准的五好姑娘，家世好，学历好，颜值好，工作好，性格好。她从小就是那种别人家的孩子，样样令人羡慕。按说这样的姑娘，肯定没有烦恼，简直就是投胎成功的典型案例。可唯独一样，她妈至今无法释怀——没对象。

“你才多大啊，还早着呢。”我坐在S对面，看着她有些焦虑的表情，说了这么一句。

“我都三十二了。”她抬头看了我一眼，喝了一口咖啡，表示无奈。

S的老妈每隔一段时间就会阶段性地来一次催婚大法，之前是各种唠叨，搞得S不敢回家，每天都主动加班到很晚，爹妈睡了才敢悄悄回去倒头就睡。早出晚归的代价就是工作有了新成绩，可是桃花至今一朵不开。后来，S妈妈改成了逢人就求介绍，亲戚朋友已经全都熟练掌握S的各种大数据了。也不是没相过亲。有段时间，S的所有周末几乎都被相亲局占满了。以至于，只要一接电话说是要聚聚的，S条件反射地就会问一句：“不是介绍对象吧？”

“你妈已经动用了所有资源，你就没一个能看上的？”我有点好奇地问S。“条件都不错，可是我都没感觉啊。”S实话实说。

强扭的瓜不甜，这是硬伤。不管对方条件多优秀，不来电这件事真是无敌，能拒绝一切。

其实，S 的这个理由，我是赞同的。人生在世，当然要找个有感觉的人一起过，那些没感觉的，可以统称为无缘。老话说，无缘对面手难牵啊。感情的事，可真不是将就能解决的，否则，就不会有那么多剩男剩女了。

“刚出校门的时候，我总觉得不着急，二十多岁，有的是时间。可是时间真不禁过，怎么这么快我就三十多了？”S 一脸落寞地对我说。

“的确，焦虑的很大原因是时间催人老。”我点点头，“不过，你才三十几岁，还来得及啊。”

“我是觉得自己还不老，可是那些男的，一听三十几了，还没对象，都觉得我老了，要么说我是眼光高，要么怀疑我是不是有毛病。”说这话的时候，S 有点愤愤不平。

“我觉得单身大龄女性越来越多，是社会进步的表现，这说明女性越来越独立，越来越优秀，也越来越知道自己想要什么。这没什么不好啊？”我说出了自己的观点。

“我赞同，可是我妈不赞同。你知道吗？在找对象这件事上，我妈比我还焦虑，她总说自己万一哪天不在了，我还孤家寡人，她会死不瞑目的。”S 夸张地做了一个伸舌头的动作。

我们父母那一代人，是苦过的，经历过苦难的人往往会把生活看得更现实，什么情啊爱啊，先放一边，生存是第一要务。比如，一个女人到了法定结婚的年龄，就要找一个男人，成家生娃，抚养下一代。等娃有了孩子，再辛勤地帮娃带娃。如此往复，这才是生活。平淡是平淡了点，但是家家都是这么过的，谁也不能例外，一旦例外那就是另类，另类在群体里总归是不和谐的因素。按照以往的经验来看，另类是不受欢迎的，甚至是抬不起头的。可是时代是真变了，如今，在年轻人眼中，标新立异是个性，不仅体现在服饰和生活方式上，也体现在情感模式上。年轻人的底层逻辑是：要找，就找个自己爱的；找不到，就不找，不能将就凑合。要不然，结了再离多麻烦，也浪费时间和资源。这个理念其实挺酷，从心而为，这才是人活着的本质。

“问题是，我说服不了我妈。”S 提出了更现实的问题，“让我焦虑的不是爱情，而是我妈。”

“这个真没办法，毕竟可怜天下父母心啊。”我笑着摇摇头，“你总不能让一个为娃操心了一辈子的老母亲装作视而不见，午夜梦回，她会自责的。”

“我妈最近每天都跟我说她失眠，做梦都梦到在我婚礼上发言，激动得哭醒了。”S 一脸无奈地笑了。

老爸老妈们什么时候才能明白，儿孙自有儿孙福呢？也许，不是不明白，而是装作不明白。毕竟，血脉一代代传递下去是深刻印在人类基因里的，改不了。

“那就，让自己轻松点，跟老妈打打太极，别让她的焦虑传染你。”我给 S 出出主意。“我现在真的很享受一个人的生活了，每天很有规律，自己做点喜欢的事，很平静，无波澜。”S 说。

的确，现在越是优秀的女性单身的越多，因为优秀之一的标准就是独立、不依赖于他人。这个独立既包括物质上的，也包括精神上的。外在，能养活自己，而且还有本事活得更好；内在，修身养性，有框架有原则，不随波逐流，安之若素。这么优秀的女性完全不需要依赖任何人就能够让自己的生活繁花似锦，爱情和婚姻并非刚需，而是锦上添花的作料。女性独立，并不意味着不需要男人，而是独立的个体才更能看清自己需要什么，有生之年遇到情投意合的灵魂伴侣固然令人向往，但是没遇到，也并不意味着生活有缺憾，相反，我们才更有时间和精力去感受生活更多的美好。

“我依然向往爱情，依然相信这世上有一个人在等我。”S 的眼里放着光。

“这么想就对了，缘分妙不可言。这种不确定性才是真正着迷之处啊。”我点点头说。

一千个读者心中有一千个哈姆雷特，同样，每一个人也都有自己的生活方式。找一个人相守柴米油盐是一种，一个人独自美好是一种，相夫教子母慈子孝是一种，找不到所爱就单身也是一种。这个世界上，有无数种生活方式，接纳不同，也意味着进步。允许自己的不同，不焦虑，不内耗，充满对未来的期待，有趣有盼，就很爽了。

最新消息，S 的老妈最近开始迷恋公园相亲了，就是各位老爸老妈自发组织的公园相亲角，各自带着孩子的资料，在这里展示，有点像给宠物相亲的感觉。自家娃都有啥条件，拿出来亮亮。S 说自己这条件在公园众多挂出来的相亲条件中真是排不上号，什么 985、211 都弱爆了，博士一抓一大把，北上广深有房有车的也不在少数，颜值方面也不占翘了，毕竟现在是科技改变颜值的时代，想有多美就有多美……S 的老妈去公园走了一圈回到家，有点伤着了，不过显然更为焦虑了，她不断地给 S 打鸡血：“人家条件那么好的姑娘都在相亲呢，你还不抓紧？等到啥时候啊？好的都让人家挑走了……” S 无语，然后说：“像不像去抢鸡蛋的感觉？我不抢，就被人抢走了？天下还没好男人了？”“听喇喇蛄叫还不种地了？”我笑着说，“教你一招反焦虑——心里默念，关你啥事？”

如果，你也是大龄且单身的女性，大可不必受外在影响而焦虑。每个生命都有自己的节奏，有人下厨一个小时只为做一餐，有人五分钟吃碗泡面填饱肚子；有人开车走高速，有人徒步几公里；有人早早就结婚生子，也有人迟迟未等到有缘人。无他，只是节奏不同而已。人生最重要的不是追赶他人，而是把握自己的节奏，曲调随你意，快慢自有主张，才能奏出自己的调性。

套路真的得人心吗?

老话说：要想抓住男人的心，得先抓住男人的胃。不知道何时网上流行一句话：自古真情靠不住，唯有套路得人心。什么时候开始做饭不管用了？连真情都不管用了？雕虫小技的套路居然占了 C 位？套路真的得人心吗?

前几天，一位女朋友跟我吐槽，说闺蜜发给她一段视频，让她学学里面的内容，是那种教女人如何更妩媚更能抓住男人心的视频，现在的情感主播都在输出类似的内容，满满的套路感。我这位女朋友对她的闺蜜明确表示对这类视频不感兴趣，没想到闺蜜直言："你就是缺少妩媚才找不到男人的，你得会撒娇、会作、会闹才能拴住男人心啊。"听闻此言，我这位女朋友当时就不乐意了，回怼过去一堆话："我就是我，不一样的烟火，是那些男人不懂欣赏我，我不需要改变自己，做我自己难道就得孤独终老了？"闺蜜听了她的话，也是一肚子气，抗议道："我是为你好，补齐短板，让自己变得更好，有什么不对？你就是这个固执的脾气，才单身到现在。"

话不投机，得，俩人为此闹了别扭，谁也不理谁了。

女友找我控诉的时候，满满的委屈和无奈。

我默默地听着，心里想，这个话题真值得探讨，否则的话，容易误了女孩子的幸福。

可能你也发现了，不知道从什么时候开始，社交媒体上出现了海量的情感教主，用短视频或者图文的形式教你如何抓住男人心。高质量男性需要什么样的伴侣？如何嫁给有钱人？学会这些招数让男人离不开你；等等，这样的内容铺天盖地，要命的是，居然浏览量和点赞量都很高，说明有不少姐妹认同。更可怕的是，还有不少人花钱买了情感博主的各种套路课，认真学习并且加以实践。

有一天，小 H 神秘地跟我说："姐，我报了一个情感课，跟着学习呢。"我一看她递过来的内容，看似很有系统，以 PPT 的形式详细列举了如何抓住男人的种种方法，内容有十来页，还有详细的案例说明。一看价格，288 元！"不便宜啊！"我随口一说。小 H 说："这是基础班，还有提高班呢，988 元，学完保证能提高情商。"我好奇地问小 H："这套路有用吗？"小 H 义正词严地纠正我："这不叫套路，叫情商。我以前之所以谈不好恋爱，就是因为情商不高，学不会绿茶那一套，我这不得赶紧补补课嘛。"小 H 说完，两眼放光地看着我，我一看，这姑娘是认真了。

小 H 的情感经历我是多少了解一点的，谈了一场七年的恋爱无疾而终。前男友是她的大学同学，经历了青涩的学生时代，眼看着俩人都有了稳定的工作要修成正果了，没想到前男友突然要调到外地工作。朋友们劝小 H 趁前男友走之前赶紧领证，但是小 H 觉得房子的首付还差点，俩人想等着攒够了首付买了称心如意的新房再稳稳当当地领证结婚。而且，小 H 对俩人的感情是无比信任的，用她的话说："我俩都在一起七年了，还没痒没分手，说明我们的感情绝对靠得住。"就这样，自信的小 H 依依不舍地把前男友送上了飞机。只是万万没想到，一年后，首付的钱攒够了，小 H 等到的却不是前男友的求婚而是分手的电话。

这件事过去有两年了，但是我至今还记得小 H 当时的惨烈，宅家几天不梳头不洗脸，不吃也不喝，整个人瘦了五斤，眼睛哭得双眼皮肿成了单眼皮。再次见到她时，我差点没认出来。“天啊，亲爱的，你到底经历了什么？怎么把自己折磨成这样？”我问。小 H 一见我哇的就哭了，一边哭一边说：“他跟别的女人跑了，他不要我了，我们在一起七年啊，这七年的感情他都不要了……”看着小 H 憔悴的样子，我实在是心疼，暗想：问世间情为何物，直教人生死相许啊。

“我到底是哪里不好？我对他那么好，我俩在一起的时候，我天天给他做饭、洗衣服，连袜子都不用他动手，他就只管好好工作多赚钱，我们攒够首付就能买房了，是他说去外地工作赚得会更多，谁想到，他到外地就和别的女人在一起了，早知道我就不让他去外地工作了……那个女人哪好？他说她懂他，特别理解他的压力。天啊，我天天这么照顾他，怎么就不理解他了？你说，我哪里不好？他为什么不要我了？”我被这直击灵魂的连环问，问得哑口无言，因为谁也不知道这问题的答案，我更不忍心在这个姑娘的伤口上撒盐。我想说，其实不是你不够好，而是他不爱你了而已。

当小 H 给我看她报的情感课程时，我是不奇怪的，毕竟走出失恋的方式多种多样，病急乱投医也许治标不治本，但也是一种自我麻醉的方法。可问题是，感情不顺难道缺的就是套路吗？

阿姨妈妈们那个年代，抓住男人的心，的确抓胃好使，毕竟在那个并不富裕的年代，衣食住行才是刚需。有单位分房的男人就是比没房子的抢手，女性之间的竞争也多半是持家能力的比拼，谁能把一分钱掰成两半花，谁能变着花样地做出一桌子好菜，谁能让几口人挤在十平方米的小屋里井然有序，谁能织毛衣钩花边扛煤气罐，在这些生存的基本技能上谁是一把好手，谁在找男人这个问题上就能完胜其他姐妹，这叫会过日子，哪个男人娶了这样的好姑娘，街坊邻居都得竖大拇指，羡慕嫉妒恨啊。

可是，时至今日，生存这件事早已不是问题，房子也不再需要单位分，毛衣毛裤也不再需要巧手来织，不会做菜也能点外卖，女人之间的竞争早已超越会过日子就行的年代了，那只是基础分，决胜分在于颜值身材，在于情绪价值，在于家世工作，在于性格脾气，等等。一时间，女同胞们纷纷力所能及地增加技能包，希望能在婚恋市场上占据优势。男人们却天天喊“压力大”，需要理解，渴望懂我。那些脾气直、说话倔、情绪不受控制的姑娘们，除非貌若天仙或家世显赫，否则的确没有优势。于是，情感博主们看中了市场需求，生产出各种应对男性需求的套路，男人不是需要被崇拜吗？那我就教你使劲夸；男人不是需要被理解吗？那我就教你甜言蜜语；甚至如何不动声色地管男人要钱要礼物，人家都帮你想好了话术……这些方法有没有用？不得而知，我只知道，那些男人也不傻，恐怕也在看如何反套路。

套路对套路，到头来，恐怕谁也不好使。我倒觉得，在套路满天飞的时代，真情反倒显得可贵。你看，武侠小说里写了，真正厉害的高手都是无招胜有招，练功是有必要的，毕竟我们都要成为更好的自己，但是与其学那些雕虫小技，不如练好内功。啥是内功？就是那些让自己变得更优秀的技能，让自己有更开阔的格局，以及一颗强大、稳定、不跑偏的心，你的内核是否稳定决定了你会和什么样的男人在一起。

与其靠套路去追逐远去的白马，不如静下心来种草，等到草长莺飞，白马自会回来，就算不回来，这茂盛的芳草自然会吸引更多的白马。

什么才是真爱?

有人说，这是一个缺少爱的时代。

爱，来得太快，走得也突然。

网络上，明星分分合合八卦炒作满天飞；现实中，离婚率暴增……

网友们动不动就说“再也不相信爱情了”。

然而，不管时代怎么变，人性中对真爱的渴望永远不会变。那么，什么才是真爱呢？也许一千个人心中有一千个哈姆雷特，但是人们对于真爱的衡量标准似乎亘古不变，因为最能打动我们内心的永远是那些最柔软的东西。

几年前的 12 月，那是一个寒冷的冬夜，那个晚上，沈阳最低温度零下 24 度，是那年入冬以来最冷的一天。一位大娘突发心梗，尽管周围群众都主动上前施救，但令人遗憾的是，救护车赶到时，大娘已经没有了呼吸。我们和民警辗转联系到了大娘的老伴，当时他正在打更。听到这个消息，老人家撒腿就往现场跑，可是赶到时已经晚了。老人家扑通一声跪在地上，就这样，怀抱亡妻在冰天雪地里坐了两个小时不肯撒手。他说：“我不冷，我就想最后再抱她一会儿，以后都没机会了。”这位老人姓何，那年六十七岁。天气冷，围观的人心疼何老先生，把他架了起来，找来纸壳、泡沫垫在他的身下，还有人拿出手套为他戴上。十几名围观者自发地围成一个圆圈，为这对夫妻遮风，希望他们“团圆”的时间能再久一点。

当晚，我是流着泪把这条新闻播完的。节目做得久了，看到太多悲欢离合，但是我依然会被真情打动，因为有情感的新闻更有力量。在这个寒冷的夜晚，何老先生的老伴走了，可她却是幸福的。因为在人生的最后一程里，她并不寒冷，也不孤单，相伴一生的丈夫用自己的体温和爱一直温暖着她，就像几十年前的那个约定，两个年轻人相视一笑，牵着手相约一起到老一样。

仅仅 24 个小时，这则消息在新北方微信推送中，阅读量超过了 98 万次，微博视频的点击率更是达到了 410 万。没有明星的绯闻和八卦，这对普通老人的生离死别让无数人流泪转发，这其中蕴含的温暖正能量，正是当今社会需要弘扬的。有人说：爱情不是香槟，不是玫瑰，只要在一起，陪伴才是真正的幸福。还有人说：在何先生和老伴身上看到了真正的爱，真正的相守，懂得了要更加珍惜身边人。随后，我们在网上发起了“什么是真爱”的大讨论：真爱是坐在宝马车里哭，还是生死相依不离不弃？这一话题引发了全国范围内的热烈讨论。人们常说，东北男人豪爽，直接，不懂浪漫，也不够细腻，但是何老先生在这个寒冷的冬天，却用自己的温柔融化了冰雪。何老先生的这个拥抱给了我们答案：陪伴才是真正的幸福，也让更多人懂得了要珍惜身边人。

爱的表达有千万种，只要有爱，温暖就会一直存在。

在本溪有一个鞋垫爷爷，八十九岁了，为了照顾瘫痪的老伴儿，他十年风雨无阻摆摊卖鞋垫。记者跟随鞋垫爷爷早起 4 点就去摆摊。在早上去摆摊的路上，有一段路是下坡，坡有些陡，爷爷一手托着背包，一手拎着午饭，整个人被沉重的鞋垫压弯了腰，身体和路面成了两条平行线，步子迈得很沉重。其实这条路爷爷每天都会走，这 30 斤鞋垫他每天都会背在肩上，在阳光下暴晒十多个小时。然而鞋垫爷爷却从不抱怨，他用这样的方式坚守着对妻子的承诺：“我会尽自己最大的努力照顾你一生。”如果我们没有身临其境陪伴他走过这一程，我们可能不会体会什么叫承诺重于山。尽管过去多年，鞋垫爷爷的身影始终在我心中不曾忘记，那是一个男人对承诺的最好坚守，也是对爱情最好的诠释。

更让我欣慰的是，当晚新北方接到热线电话，有一对夫妻正在吃散伙饭，打算第二天办理离婚手续。看完这条新闻，丈夫默默地握住了妻子的手，两个人决定继续走下去。那一刻，我知道，这份人世间最宝贵的情感正是每一个人内心深处最深的渴望。

不管你是什么年纪，什么职业，甚至经历过什么坎坷，对情感的需求都不曾改变。我想起，一个男人的故事。那是 2009 年的年初，我们的新闻线索接到反馈，一个男人意欲轻生，唯一的心愿是想在跳楼之前和记者见上一面。那天的雪下得很大，屋里的气氛更让人窒息，那男人坐在轮椅上，双腿从大腿处截肢，他拿着一把菜刀四处乱挥，已经和民警对峙多时；他满口脏话，身上已经有多处血迹。为了让他放下戒心，摄像师点了一根烟递给他，我们的女记者则笑呵呵地管他讨要了一枚放在桌上的煮鸡蛋。看得出他稍稍放松下来，还让记者自己去冰箱里拿饮料。在断断续续的沟通中，我们得知，这个男人在工作中不幸失去了双腿，他的妻子和儿子却在他最脆弱的时候选择了离开。接下来的 4 个小时，在记者的安抚下，那男人终于肯放下菜刀。当时，我们的女记者不知哪儿来的勇气，张开双臂拥抱了他。这一刻，男人再也绷不住了，和记者一起抱头痛哭，一边哭一边答应着，一定要好好地活着。节目播出后，很多观众打来电话，主动申请要去照顾这位残疾汉子。更意想不到的是，男人的妻子儿子看了我们的节目之后，决定重新回到这个家，回到他身边。一个陌生人的拥抱可以融化冰冷，来自爱人的不离不弃更会让人有活下去的力量。

人的一生不曾预料会遭遇什么，幸福也好，不幸也罢，当困难来袭，生命终止，一切我们都无力改变的局面赫然到来，我们内心中最大的支撑是来自那个爱我们的人，也许在那一刻，我们才能体会到什么是真爱。

人们常说，陪伴是最长情的告白。当爱情在柴米油盐中变得越来越淡，我们靠什么坚守自己的情感呢？也许，冷暖自知，你还在寻找答案。然而，我想告诉你，经历世事，甚至当生命逝去，那个始终不离不弃地陪伴在你身边的人才是最好的答案。

欣然接受来来往往

女友 Y 的女儿马上满 18 岁了，她找我给孩子说点什么录个视频。

18 岁啊，我都已经忘记了自己这个年龄时是什么状态。但，毫无疑问，美好是不容置疑的，那种无畏无惧无忧，当然也因为那时的自己是无知的。给一个即将成人的孩子说点什么呢？我想了好久。

“还记得你的妈妈生你的时候，我们几个好友去医院看你，那时的你是小小的一只，天啊，究竟什么时候才能长大？这是我的第一印象，没想到这一转眼，你就成年了。”我动情地在说，“你的妈妈是我们几个朋友中最早成为母亲的，我很佩服她的勇气，在我们还是二十出头不谙世事的年纪就成为一个母亲是需要多么大的勇气啊！”

时光倒回到十八年前，我们几个还是刚出大学校门的傻丫头，一个个天不怕地不怕，以为只要努力凡事都会开花结果，以为好了伤疤忘了疼就可以再次信任，以为即便犯了错也有补救改过的机会，以为友谊和爱情是这世间最坚不可摧的东西。可此后的十八年，时间过得像关不住的水龙头，匆匆地流匆匆地过。转眼人到中年，连娃都成年了，我们再不是懵懂无知的样子，有的人脸上写满了世故圆滑，有的人脸上布满了沧桑，鬓角也生出些许白发，也有的人看似老去却从未成长。经历过痛彻心扉的欺骗，不好愈合的伤痛，也经历过生死边缘的挣扎。经历了绝望过后的新生，看淡了很多事，也看开了很多事，原来生命中的来来往往就是如常，我们唯一能做的便是接受，还得乐乐呵呵地接受，毕竟放过自己最重要。

“你的妈妈和你一样都是新手，她在慢慢学习如何成为一个合格的母亲，谢谢你给她这个机会，她把你培养得如此优秀，你就是她这一生最满意的作品。”我没想到，我说的这些话让女友Y泪流满面，她告诉我，当时她在开车，路上听到这段视频，她说一股温热的眼泪顺着脸颊流淌，也许是想起这十八年的不易吧，毕竟冷暖自知，人到中年，谁的日子都不是轻而易举。

一个生命从出生到成年，这其中的付出，每个母亲也许都感同身受。小时候怕生病，上学了怕学习不好，成年后恐怕也担心成家立业的大事。操不完的心，做不完的事，碌碌一生，一个女人最好的年华都交付给了孩子的成长。

“十八了，你成年了，祝贺你进入人生最美好的年华。但同时，也意味着你要肩负更多的责任，为自己为家人为社会，成为一个靠谱的好青年。”这是我的寄语和希望。说真的，有多少人十八岁以后，就不再学习，也不会成长了。其实，终身学习才是我们一生都要坚持的好习惯。出了校门，不用再写卷子了，但是人生处处是考场，我们每个人终其一生都在答卷子，答了多少分，恐怕告别这个世界的时候才会见分晓。但不管最终成绩如何，我们都要努力去答，这个过程就叫人生。

女友Y坐在秋日的暖阳里，懒懒地蜷缩着，像一只慵懒的猫。她是在生死边缘走过的人，一场大病足以改变一个人的人生轨迹。原本她是我们中最优秀的那个，高分入学，年年奖学金，漂亮又温柔，早早嫁了个好老公，早早生了个好娃，我原本以为，Y的人生样本就是那种人人羡慕的样子。直到那场突如其来的大病，做过化疗，打过激素，见到她漂亮的脸因为激素而浮肿的样子，我真的不忍心。但是 Y 是多么要强啊，她的优雅和从容以及所有的美好都没有因病而失去，这十年，她又活过来了。还是那个优秀的她，只是不再那么拼命了，不再那么要强了，多了自洽，可也多了不自信。面对疾病她不得不承认自己的软弱，然而，其实在我眼里，她是无比的强大。

“你终于可以毫无顾忌地去做自己了！”我对 Y 说，“孩子都十八了，你现在什么负担都没有了，而你还有大把的时间，太让人羡慕嫉妒恨了。”Y 笑着说：“是哈，我要想想自己要做什么？这么多年都为孩子活了，还没来得及为自己活。”这大概是每个老母亲的心声吧。

“背着抱着一边沉。”我笑着说，“生孩子早，你现在多幸福？我就惨喽，我只祈求我的更年期不要遇上娃的青春期。要不然，到时候我就是母不慈子不孝了。”Y 哈哈大笑说：“还不得我有点福利啊，你们都享受生活的时候，我在苦逼地带娃，现在终于该享享福了。”

孩子的成人礼倒像是母亲的解脱礼，值得庆贺！我们在秋日的阳光里分享着孩子成长的趣事，无比欢脱，那些新手妈妈做过的傻事都历历在目，转眼就没机会再试一次了。“要老二吗？”我突然一问，Y 吓了一跳，“你可饶了我吧，我还想后半辈子好好活着呢。”

“十八岁了，孩子，你的未来无限可能。我希望你尽情去享受生命的美好，当然也要做好准备去接受生命中那些不好。好与不好都欣然面对，这才是完整的生命。有的人来到这里，只能陪伴你一阵子，不要强求时刻绑定一生不离不弃，我们能做的就是接纳面对，接受任何人的进来与离开，来来往往才是热闹丰满的人间啊。”我想，我的儿子日后十八岁，我也会对他说这些吧。

早已过了两个十八岁的年纪，才开始明白人生的意义，酸甜苦辣咸各种滋味都要尝一遍才不枉此生。那些伤害过你的人和事就学会去忘记吧，好了伤疤忘了疼是种本事，至少可以让自己的心不那么累，心自在方能活得开阔。抓不住的东西就扬了它，随风而逝也是种潇洒，拿得起更要放得下，不为物所累，活得才能轻松。

“我们终于到了自给自足的年纪了。”我和 Y 相视一笑，“能够接受任何人的离开，一个人也可以活得很好，再多一个就是锦上添花，还有余力可以让他人幸福。”我们彼此点点头，这就是中年女人最好的状态吧，冷冷清清地风风火火。

“前几天遇到老同学，她还是老样子，还是不愿意原谅我。”Y 有些沮丧地说。“是啊，曾经的好朋友走散了，多遗憾啊。”我看着 Y 认真地说，“但，也没什么不好，这说明我们都独立了，我们也终于成年了。”

感谢那些来过我们生命中的人吧，那时的陪伴足以了。过时了，不必纠结缘由，那就好好告别，各自安好吧。梁实秋先生说：“你走，我不送你；你来，无论多大风多大雨，我都要去接你。”我最欣赏这种心情。

那些受过的伤都会成为你的勋章

女友 A 失恋了，准确地说，是这段感情似乎还没怎么开始就结束了。

那个晚上，A 正和朋友小聚。酒到酣处，聊得兴起，收到那个男人的微信，质问 A 为何给他添乱，而此时，A 正兴致勃勃地跟我们讲，她是如何充满智慧地从旁协助，为那个男人的事业锦上添花。无私地为他做这些，A 从未邀功，她只想默默地为那个她爱的人奉献，这份无私的付出让她觉得自己在火热地爱着。然而，接到这个质问的微信，让 A 的委屈瞬间奔流而出，那一刻，她突然明白原来自己并不是不在意对方的反馈。

也许是酒精上头，也许是多日来的委屈，让 A 把先前的懂事和大度统统舍弃。两个人也索性把话说开了 。

“我不想跟任何人在一起。”最终是对方的这句话，彻底伤了 A。原本她以为，他们在一起是有默契的，是灵魂相通的。本以为是两情相悦，没想到因为这句话成了一个人的自作多情。男女关系有时候就是这么脆弱，不堪一击，一句话能链接一份感情，也能击碎一份感情，往往都在一念之间。

A 呆呆地坐在那把巴塞罗那椅子上，这么光彩夺目的大师作品，竟也因为 A 的感伤而黯然失色。她知道自己的心碎了，但是眼眶里竟然没有泪，这就是年纪的好处，过了几十年，女人伤都在心里，面子上是看不出来的，总得过得去。人们把这叫成熟，但 A 觉得，这不过是受的伤多了结成痂了而已。

此刻, 朋友们正在院子里把酒言欢, 只有 A 默默地坐在屋里, 两眼失神。我看出了她的伤感，倒了一杯水给她，我们就在月光下聊了起来。

A 跟我说了很多他们的故事。他们相识多年，两个人都在各自行业内做得很优秀，A 说他们很像，都那么努力而向上，三观契合，所以他们一直都是聊得来的好朋友，彼此欣赏。一次聚会中，喝了酒，聊了彼此的感情状况，于是两个人之间才多了些许暧昧。再后来，两个人心照不宣地默认在一起了。也有过甜蜜的情话和对未来的期待，但这份感情因为现实原因, 始终有种缥缈的感觉。A 其实也知道, 两个人未必会有多么美好的未来, 但是她也只是希望在一起的时候，两个人能彼此珍惜而已，但求好事，不问前程。然而，这次，没想到对方竟然否认了这层关系，A 顿时感觉心被扎了一刀。

我坐在 A 的对面，默默地听着他们的故事。此刻，透过玻璃窗，能看见朋友们在院子里热闹的样子, 这感觉像极了现代人的内心写照, 外面喧嚣, 内心孤独。其实, 此刻那些正说着笑着闹着的朋友, 也都有自己内心的隐痛, 只是不与他人说，或者无从说起，也或者结了痂掩藏起来了。这就是成年人必须要面对的伤痛吧，人人都有，只不过，有人掩藏得更好。

A 三言两语就说完了他们的故事，其实挺短暂，也没有轰轰烈烈，也没有什么与众不同，无非是都市里男女间的痴嗔怨怼，但是当我们身处其中的时候，常常觉得自己的这份感情就是独一无二的，就是脱离了低级趣味的，甚至就是感人至深的真爱。因为我们就像小王子一样，精心地培育过自己的那朵玫瑰花，为她付出过心力，殚精竭虑，所以才会觉得这朵玫瑰就是世界上独一无二的，其实她不过是芸芸众生中最普通的那一朵而已。但，这就是爱啊，因为我们的付出才成就了这份爱，是我们自己亲手给这朵玫瑰花戴上爱的桂冠，赋予她爱的名义，所以她才是我们的爱啊。

“小王子也是因为争吵离开了他的星球，和玫瑰告别。但是，当他在地球上看到成片的玫瑰园时，他却更思念自己星球上的那朵玫瑰花。”我对A说，“你知道为什么吗？”A回过头来，看着我，摇摇头。

“我想，只有见过了更广阔的世界，小王子才意识到自己内心最向往的是什么，最重要的是什么。”A点点头，说：“但是感情不一样，人们都是贪恋新鲜的，旧情无非只是谈资而已。”我拍拍她的手，“不是为了安慰你才这么说，是因为人们常常会忽略对自己很重要的人。经历过世事，回过头来才会发现最珍贵的已经失去。放开他，他才会回来。但到那时，他回不回来，可能对你来说已经没那么重要了。”A的眼里有了泪，她垂下头，沉默着。

其实，我懂她的不甘心，懂她的无能为力，更懂她的自我折磨。多数女人又何尝不是这样呢？相遇本就不易，更难的是遇到自己喜欢的人。然而从一个懵懂的小女孩成长为一个成熟的女人，大多会受过情伤，没有受过伤，就不知情重，人也就不会成长。任何人都不可避免会受伤，但问题是，我们该如何面对伤痛？沉沦其中自我内耗，还是修炼归于平静，抑或是静待破茧成蝶？

大道理其实谁都会说，许多情感博主都在教你如何和男人相处，都在告诉你：女人要有套路，要有策略；别傻啦吧唧地掏心掏肺，男人不会珍惜你的真心；男人就是大猪蹄子，他们只会被绿茶的套路迷惑，你对他们越好，他们越不珍惜，谁还没遇上过几个渣男？像这样的短视频和情感课程似乎让女人更加迷茫，面对感情更加不知所措。

的确，两性关系是这个世界上最复杂的关系，不管你有多高的学历和多成功的事业，好像女人一旦陷入感情，智商立马为负数，那个让我们牵肠挂肚的负心汉怎么就那么蛊惑人心呢？当你有一天走出这段感情时，回过头来看，他不过就是普通得不能再普通的一个人，你甚至会自我怀疑，天啊，当初我是不是瞎了眼，怎么会像个白痴一样傻傻地那么爱他，甘愿付出一切？

科学解释不清的事，理智掌控不了的事，中国人常常把它归结为缘分。缘分就是不可言说、妙不可言的事，是超出常理的事，就因为人群中多看了你一眼，一个眼神，一个拥抱，一个吻，就让两个毫无血缘的人链接得如此紧密，还有什么比爱情更无解更玄妙的事吗？

既然解释不清，也掌控不了，更无法左右，那我们不如就暂且让子弹飞一会儿，顺其自然吧。所谓的顺其自然不是消极地对待，不是被动地接受，而是顺应自己的内心，感知你的情感，了解你的需求，然后顺心而为，该开始的时候开始，该结束的时候结束。至少不让自己遗憾，尽兴而为有何不可？人来人往就是人生的常态，去接纳自己，也接纳命运的安排。其实，命运并非针对我们有意为难，那个渣男也并非有意伤害我们的心，如何看待这人这事，全在自我的认知。

王阳明说“知行合一”，我们首先要扩大我们的认知，提升我们的格局，才能在行为上有所长进。长进了，也就多了铠甲。念及过往，心怀慈悲。安然当下，足以。

那些受过的伤，都会成为你的勋章，让你熠熠生辉。当有一天，你发现那些曾经伤过你的，不能再让你受伤了，你就成长了。

后来，A 跟我说，那晚她一宿没睡，很难过。但第二天，太阳升起的时候，她照常爬起来融入滚滚人流，去为生活打拼。没有那个人，好像也没少了什么，只不过少了份多余的牵挂，但也多了份安宁。她知道，还会有下一份值得期待的感情。

我给 A 的微信留言：尽人事，知天命，实在不行，那就去他大爷的！

既为人父母，必承其重

做了妈妈，你有什么变化？

收起了八厘米的高跟鞋，扔掉了超短裙……

小蛮腰已成传说，虎背熊腰的大力士常现江湖……

常常在“多睡五分钟”还是“画个精致的妆”之间纠结……

辅导功课前需要深呼吸并且默念“亲生的”……

这是你吗？

可如果再让你选一次，你还是会义无反顾地生下他……成为妈妈，是女人生命中最特别的经历！

每年五月到处充满了母爱的气息，街上随处可见捧着花的妈妈们，孝顺的孩子们似乎在母亲节这天用一种仪式感表达着心中的感恩之情，然而，妈妈们却用一生在诠释着母爱的伟大。

三十三岁那年，我选择成为妈妈，并非年纪所迫，而是打心里想自己也许可以承担起一个小生命的降临。我问过自己无数遍，是否可以好好照顾这个小生命安然成长？直到这答案是肯定的，我才选择生下他。

我给他取名太阳，寓意带给别人光和热。其实，也是因为他的降临，带给我更多的温暖和热爱。所以，从他出生到现在，我依然无比感谢这个生命的到来，给了我太多的感动，谢谢他，让我成为妈妈。

然而，这世上并不都是幸福的父母和孩子，人生各有各的难处和经历。

在我的节目里，时常会遇到各种求助的父母，有孩子离家出走的，有孩子患大病的，也有抛弃亲生骨肉的……每次遇到这样的新闻，我的内心其实都无比煎熬。没做妈妈之前，就见不得骨肉分离的痛楚；做了妈妈，就更受不了这份折磨。

几年前，我们的镜头里曾经记录过一个男孩的故事，这个故事至今令我难忘。那是一个男婴，叫小林林，才 9 个月大。那年 1 月，正是过年前最冷的时候，他被父母遗弃在医院冰冷的长椅上，除了简单的生活用品，他的父母还给他留下一封信和 300 元钱，信中说“我没有能力抚养孩子，把孩子送走也是无奈……”经过全面检查，小林林患有严重的脑瘫！果不其然，这孩子并不健康，父母遗弃了他……

当晚，我在节目里说了这件事。节目播出后，有人打进我们的栏目热线，说自己就是小林林的父亲，可是随后我们的记者和他联系的时候，这个男人又矢口否认了。

漫长的一整夜，我们给这个男人发了上百条短信沟通，最后，他终于承认，自己就是小林林的父亲。他说，因为家里还有个大孩子也是脑瘫，夫妻俩靠打工挣钱，坚持给大孩子治病，本以为第二个孩子是健康的，但是没想到小林林也是脑瘫，这个打击实在太大了，令这个本就脆弱的小家更加雪上加霜，夫妻俩现在外债累累，实在没钱再给小林林治病，才狠心把他送走。这个无奈的父亲说：“我对不起小林林。”短信的字里行间，我感受到了这个男人背后的无奈。身为母亲，我明白有两个脑瘫孩子对妈妈来说会是怎么样的打击，我理解这个贫困家庭抚养两个脑瘫孩子将是怎样的艰辛和不易。同时，我更懂得，如果不是万不得已，这对平凡的夫妻一定舍不得放弃小林林。

所以，在报道的时候，我们没有一味地指责，我在节目里给予了这家人充分的理解和尊重，并且用爱在呼唤小林林的父母能来接他回家。

那几天的节目里，大家都在关注小林林的命运，有人为这个可怜的孩子祝福，也有人默默地捐钱捐物，还有人指责孩子父母的不负责……然而身为人母，我更能理解，也愿意相信，这世上并没有狠心的父母，有的只是境遇的颠沛坎坷和内心的一时脆弱，所以，我始终没有放弃过希望，我们始终在等。

就在那年的大年三十前，这位父亲终于给我们来电话了，他决定站出来承担责任。他说："所有人都在骂我不是人，我也想彻底逃避，但是新北方打动了我，我错了！"那一刻，我的内心被深深地触动了，为人父母的心终究是软的，不论多难，孩子始终是我们的软肋。但我更希望，孩子是父母的铠甲，可以让这对不易的父母充满力量和勇气去和命运搏一搏！

当这对父子重新团聚时，这位父亲从心底发出的嘶喊和忏悔让在场的每个人都流下了眼泪。那一幕，也令我破防，我想，这泪水一定是滚烫的，我看到这泪水流淌在小林林稚嫩的小脸上，温热无比。那一刻，我希望这孩子长大后不会记得曾经被父母无奈地抛弃过，而是要记得此刻一家人团聚的爱意，记得这滚烫的泪水和温暖的怀抱！

回家，这个温暖的字眼，终于为那一年的年关画下圆满的句号。

年后，当小林林的父亲再次出现在我们的镜头中时，却要求我们不要再给他做任何遮挡。他说："以前我觉得自卑不敢面对镜头，但是现在我想明白了，这就是我的家，我抱回了小林林，也一样能堂堂正正面对以后的一切。"

随后，我们为小林林举办了义演，又联系了医院为孩子会诊，最终把两个孩子的康复费用减免到这个家庭可以承担的范围。无数爱心人士为小林林爸爸提供工作和生活帮助，这一家人终于在沈阳开始了新生活。历时

3 个月，我们记录了全社会为小林林一家奔走的过程，也记录下这个濒临绝望的家庭几次峰回路转，重新鼓起生活的勇气和希望。可能很多人都错过迷失过，但我想，最终让我们战胜苦难的，是爱和责任！

时隔多年，如今，小林林应该已经到了上学的年纪了。事后，我们也曾经回访过这一家人，得知小林林经过康复训练已经有很大进步，这个脆弱的小家也在大家的帮助下生活得更好了，我真的无比欣慰，也深深感谢这对平凡父母的勇敢，还有当年我们的不放弃。

也许，没有人生来坚强，但是成为父母，我们必须承担起养育子女的责任，这份责任让我们不得不强大，因为父母是孩子唯一的依靠。然而，命运有时就是不公，为人父母的一时脆弱也许会改变孩子的一生。有时我会想，如果那晚，小林林的父母没有站出来，而是选择默默地离开，这个孩子的一生又会如何呢？而放弃小林林的父母时至今日会不会悔恨终生呢？

谢谢你来做我的孩子

从没想过我做妈妈会是什么样子。

其实，并不是所有的女人都喜欢做妈妈，至少我是这样……

有人说女人天生就喜欢玩照顾人的游戏，比如过家家。可是，我和小伙伴玩过家家从未扮演过妈妈，我似乎也并不喜欢这类当妈妈的游戏，相反，更喜欢的是和男孩子一起满院子疯跑，上房上树，那种自在更爽快。

童年时，我从未对布娃娃痴迷。我还记得四五岁时有过一个小小的布娃娃，那种有一头金发穿着裙子的娃娃。因为我总是一头短发，很羡慕别的女孩子可以编辫子，于是就拿娃娃练手，给她编了一头辫子。结果头发缠到一起打结了，怎么也打不开。于是……我拿剪子把那一头金发剪成了短发。从那时起，我觉得，如果我做妈妈也许并没有许多耐心，或者上天让我有一个男孩子会好些吧。

那句话怎么说来着？念念不忘必有回响。

上天垂爱，在我三十三岁的时候，让我做了妈妈，上天真的给我了一个男孩。

我给他取名太阳，希望他能像太阳一样带给周围的人光和热，而他真的人如其名，带给我许多温暖。

新手上道，总是要买些教训的。

刚做妈妈的时候，我甚至怀疑上天是故意要考验我的耐心吗？一晚上，这小子每隔一小时就要起来喝奶，搞得我常常刚喂完奶，放下他，还没等睡，又要起来喂奶。黑白颠倒的日子简直如同地狱，最崩溃的是要深受乳腺炎的折磨，那阵子一看到他嗷嗷待哺的样子，我就会条件反射般地汗毛炸立，真有痛不欲生的感觉。似乎每个新手妈妈都会遇到这样的坑，也许和我一样在坑里一次次地疼痛翻滚，却一边疼痛一边傻笑，原来这就是当妈的感觉。

每当我抱着那个软软的小东西，看着他吮吸的样子，偶尔张开闪着星星的眼睛望着我，我都会发自内心的安稳。我知道，他依赖我，他是我今生的牵挂。

经验总是在实践中摸索的，掰着手指头算日子，好像只有妈妈知道孩子是几个月零多少天。你问一个妈妈孩子多大，她能不假思索地迅速回答出来，绝对不是整岁，有整有零。没当妈妈之前，我还纳闷妈妈们的记忆力怎么如此之好，当了妈妈我才知道，孩子的每一天都是妈妈细细描摹过的日子，怎么会记不清楚呢？

我的太阳也和所有的孩子一样，他在一天天长大，我也在一天天成长。

他会爬了，会走路了，会吃饭了，会说话了，会生气了，会安慰我了……太多的细节和瞬间都定格在我的心里。曾经无数次地被朋友圈里那些当了妈拼命晒娃的好友折磨得够呛，也曾经感叹过，女人当了妈怎么就剩下孩子吃喝拉撒睡的事了？那些文艺的少女气息呢？那些关心国家大事的胸怀呢？怎么都被这么个小东西完全取代了呢？俗气！没想到，我自己当了妈也和我那些俗气的好友一样，晒娃也成了我的生活日常，而且我发现，晒娃似乎成了我们妈妈团的一种语言和交流方式！孩子吃了，孩子喝了，孩子尿了，孩子拉了，一点一滴绝对不落空。就连孩子牙牙学语时再难懂的话，也能让当妈的激动得发圈称我儿子简直太有语言天赋了！为什么当了妈就变俗气？我管这叫接地气，因为孩子的成长是以天计算的，每天纪录他的成长，我才不会错过他的每一点进步，我才有当妈的感觉，或者从他和我剪断脐带的那一刻起，我并不舍，还想拼命和他有些什么连接吧！

当然，被他气得要命的时候有，被他磨得要疯的时候也有，但是被他温暖的时候更多……

我常常自问："我是不是一个合格的妈妈？"

我没有太多耐心，我也会有情绪，我也许并没有那么多的时间陪伴他，我也没有一心都扑在他的身上，我常常希望能给自己留一点小小的空间，我还有很多事要做。然而，我在努力地成为他的榜样，我在试图告诉他一个完整的人、一个幸福的人该有的样子。

电影《你好，李焕英》我是一个人去看的。电影散场时，我坐在电影院里，久久没站起来，我突然意识到，也许我们在一起的日子并不来日方长。虽然我的儿子已经上了小学，他应该能看得懂，但是我并没有带他去。也许，我并没有勇气告诉他，未来的某一天，我也会离他而去。真实的残酷之处在于无力改变，但我还是希望能争取多一些陪在他身边的日子。尽管有一天，他也许不再像幼儿时一样需要我、依赖我，可能也会嫌我烦、嫌我啰唆，嫌我落伍了。

我的太阳自从知道有母亲节，他每年都会很认真地给我制作礼物。我收到过一个苹果，一张简笔画，一封贺卡，一个奥特曼……还收到过他毫不掩饰的扎心表白：我的妈妈四十多岁了……但是我知道，他把所有他最爱的东西都送给了我，亦如我如此爱他一样。虽然，他上了小学，我们已经开启了"不辅导功课母慈子孝，一辅导功课鸡飞狗跳"的节奏，但这并不妨碍我们彼此爱着对方。

这个小暖男甚至贴心地给我这个当妈的打了一百分！

都说孩子感谢父母给了他生命养育他长大，而我却要感谢太阳能来做我的儿子。我的朋友常对我说:“你知道吗?你做了妈妈和之前不一样了!”

我不服气地说:“有什么不一样?我还是原来那个我啊!”

“以前你很硬,现在,很软!”朋友的回答,让我沉默了。

不知不自觉间,太阳改变了我,是他让我变得更有耐心,变得更柔软,也变得更完整……这对一个女人来说,是最宝贵的财富。

余生,我能陪伴他的日子数得过来,我关照,我陪伴,我目送……我们还要一起成长,一起幸福。

谢谢你来做我的孩子,我的太阳。

每个母亲心中都有一个太阳,愿我们的世界因此阳光普照。

每个女儿都会成为曾经的妈

“女人这一生最大的敌人，是谁？不是男人，而是亲妈。”

忘记在哪里看到的这句话，当时只当是个玩笑，已过不惑之年的我，尤其是当了妈妈以后，才深刻地体会了这句话的含义。

的确，妈妈不懂控制儿子，儿子做什么都是有道理的，因为作为女性并不了解和自己如此不同的男性。多数妈妈反倒时刻在控制女儿，因为女儿就是妈妈的影子，女孩子成长的那些事，妈妈太了解了，那些自己童年没来得及经历的，遗憾的，错过的……都要在自己女儿的身上去弥补。这一点，我深有体会，我很庆幸，自己生的是儿子，不必让自己成为另一个我妈。有机会再写写我和我妈的故事。

今天，想写写我的一位好友洁。六年前，她做了一个女儿的妈妈；现在，她的肚子里正怀着另一个小生命。看着她日渐圆润的肚子，在初秋的阳光里懒洋洋地晒着太阳，我竟感慨，这世上大概也只有女人能乐此不疲地养育生命吧。

洁初怀女儿的时候，按照自己的喜好，为她挑选所有星星图案的用品，一水的粉色裙子、发卡、布书，孩子还没出生，用品已经准备到了两岁！有人泼冷水，等孩子出来你就知道了，她有自己的审美，不见得喜欢你准备的那些。那一刻，洁猛然发觉，在变成自己妈妈的路上，她已经走了很远。

我和洁在初秋的阳光里，聊起了她和妈妈的故事。

洁和妈妈从没有手挽着手一起逛过街，也不曾挤在一床被子里说过悄悄话。她们的眼光总是南辕北辙。小时候，妈妈带她去买衣服，母女间的对话总是这样的：

——妈，我喜欢这件。

——这件最难看！哪有这件好。

——可是我不喜欢。

——就这件了，一样颜色来一个……

所以上大学之前，洁只穿校服。

老师和同学们都误会了洁，她只穿校服，绝不是源自遵守纪律，只是因为没得穿；小时候，妈妈没时间给洁扎小辫，她就总是小光头，每次剃头都哭；妈妈喜欢干净利整的小姑娘，洁却总是满手油渍麻花。小时候酷爱烧鸡，一人就能啃半只，妈妈看见洁，总会很嫌弃地说一句：胖！

有一阵妈妈喜欢上织毛线，于是每年 6 月学校春游，班里小朋友都穿漂亮小裙子、体型裤，只有洁穿毛裤，还是毛孔不匀的粗针粉毛裤……站在一群美少女中，洁顿觉自己好 LOW，以至于后来很多年她都不喜欢粉色。

妈妈同事的女儿跟洁同班，一临考试就说“我没背，我没背”，结果考了全班第三，回家还委屈哭了。洁嫌弃地说“真假”，被妈妈狠 K。每次和妈妈有了争执，洁总说“妈，我们谈谈吧”，可妈妈就会说“哎，等等啊，我先换个台，电视剧马上开演了”，于是谈话再次戛然而止。小时候，妈妈从没给洁送过雨伞，也不会在洁的书包里偷偷塞洗好的水果，就连吃到妈妈做的饭都是屈指可数的。可是妈妈却总是不遗余力用她的世界观影响洁。妈妈是完美主义者，长得好，学习好，一路保送，从医四十年零失误。在这样的熏陶下，洁仍无比坚韧地长成了一个散漫的孩子。

和每个妈妈一样，青春期防早恋，是妈妈们的必修课，妈妈老偷摸翻洁的日记。抽屉里、床底下、立柜里藏遍了，无一遗漏，均被缴获。对敌制胜，洁终于摸索出经验：用带锁的日记本记录学习心得和美好世界，千挑万选塞到犄角旮旯；至于那些青春期别扭、伤感的小情绪，不服老师不团结同学的小邪恶，则写在备课笔记上，堂而皇之地放在书桌上。这出母女无间道，进行了许多年，洁和妈都乐此不疲。

后来，洁离开家去北京上大学，妈妈一点都没不舍，欢天喜地把洁送走了。反倒是洁带走了许多老照片，常常想起妈妈。毕业回家工作，妈妈有了不少新爱好，心思不再在洁身上，洁也乐得忙工作，一天到晚不着家。有一次洁听见妈错把犯了错的狗怒喊成洁的名字，她约莫分隔这么些年，妈妈也是想自己的。

如果不是洁怀孕，可能还要很久才能理解妈妈。

洁一直感激妈妈给她小时候留下了那么多的影像。画画的，偷抹口红的，爬墙的，摔倒的，哭的，睡觉的，流口水的，各个角度。当时只当妈妈爱好摄影，可这么些年没见她拍过什么。那时她是怀着什么样的心情？恐怕和现在的洁一样，对这个血脉牵连的小人儿，期待、喜悦、爱！

洁说，至今她最想念的是一个模糊的儿时画面，洁还是小小的婴儿，大哭不睡，妈妈抱着洁在屋里一圈一圈溜达，嘴里还哼着儿歌：“猫儿是妈妈的小朋友，妈妈是猫儿的大朋友，猫儿和妈妈是好朋友……”那时的洁，还很驯服，伏在妈妈的怀里，把她当成全世界！如今的洁挺着肚子就坐在这里，向远望去，满眼都是妈妈年轻时的样子。

有时，我们爱一个人，会穷尽自己所能，但或许是不被理解的方式。就像洁从前总不明白，妈妈的感情怎么那么内敛，似乎总是悄悄地。当所有的温柔、抗拒、争执、妥协都缓缓留在时光里，她确确实实看明白了那种感情。最终，我们谁都没能成为对方渴望的样子，但这无损我们爱对方。

洁的大女儿今年上了小学，小小的豆包亦如当年的自己，每天放学回家，小家伙嘴里总是说个不停，也开始有自己的想法，和洁顶嘴了。有时，洁很无奈，也很生气，也许有一天，洁也会因为女儿的不羁而烦恼，又或者终有一天要撒开她的手，目送她远去……

作为妈妈，我常想，我们应该用什么方式和孩子彼此相处？洁说，她会尽量让母女关系相爱又独立，让女儿做她想做的自己。

终有一天，每个女儿都会成为曾经的妈妈。

内卷，怎么破?

不知道从什么时候开始，内卷已经成为日常。

不内卷的人生简直是不完美的，尤其是现在的娃，内卷的人生从出生就不可避免地开始了。

我不想贩卖焦虑，但是细一想，自己已经不可避免地置身其中，不自觉地向一个卷妈的方向靠拢。

晚上接孩子放学，站在校门口等待的时候，几个相熟的家长都聚拢过来闲聊。

“你家孩子小提琴学到什么程度了？”一个高个长发的妈妈问我，此时，我正在无聊地放空中。

这个问题把我从卖呆中拉回来，“哦，刚过了二级。”我礼貌地回答。

“换把了吗？学揉弦了吗？”那个高个子妈妈继续追问。

我愣了几秒，点点头，回答：“啊……”

“啊？！”那位妈妈不依不饶地继续追问，“你家孩子学琴是你陪着去吗？”

我再次点点头，回答“啊……”

大高个依旧不想放过我，“那你肯定没有认真陪练啊？换把、揉弦怎么能不知道呢？”

我被对方说得简直惭愧至极，那一刻，惭愧的不是我为什么不知道换把和揉弦，而是我并非一个合格的卷妈。

“我家孩子也学小提琴，每堂课都是我陪着，老师怎么讲的，我都得学，回去才能辅导他认真练。”那位高个子妈妈继续说，用一种伟大的奉献神情来烘托我的懒散不负责。

我只好点点头，继续回答“啊……”

这样的对话再继续下去，我恐怕连“啊”都无法回复下去了。好在此时，放学时间到了，孩子们站成排在老师的带领下走出校门，我赶紧跑过去，一把拽走自家娃，逃也似的飞奔，步速比平时快一倍。此地不宜久留。

显然，我并非一个合格的卷妈，居然连孩子学没学换把和揉弦都不知道。这位妈妈的对话让我有了些许自责，天啊，我这么不负责吗？

这还没完，周末在奥数班，我又被上了一课。

偌大的教室里，坐了二十个孩子，教室后排靠墙坐的都是家长。老师在前面讲鸡兔同笼，孩子们听没听懂不知道，反正后排的家长们是极其认真的，频频点头，手底下更没闲着，拿着笔认真地记着笔记。只有我一个人手里拿着本闲书在看，这奥数课和我没什么关系。课间休息，我眼见着一个孩子跑过来，对坐在我旁边的一位妈妈撒娇，妈妈用极其认真的口吻问：“刚才那道题你听懂了吗？”一看孩子回答得模棱两可，那位妈妈二话不说，立刻秒变奥数老师，起笔落纸认真讲解起来。更让我吃惊的是，课堂上，奥数老师讲解完一道题的答案后，两位妈妈同时举起手来对老师说：“这道题您答案不对，算错了。”奥数老师又认真地看了一遍题，点头承认，并且立刻修改。此刻，我在心里默默地为他们鼓掌，都说北京朝阳妈妈们各个啥都会，俺们这嘎达的妈妈们也不在话下啊。这年头，一位合格的卷妈除了上得厅堂下得厨房，还得陪练琴、会英语，更要辅导得了奥数……

此时不卷更待何时？卷自己比不上卷娃！

至此，我自认为还算平和的心态险些失衡，一把年纪了，不卷也就不卷了，怎么能让自家娃被他人卷呢？叔可忍婶也不能忍啊。

没想到，接下来在英语班，我又被教育了。

课间时分，英语老师很认真地对在座的家长们说："小学五六年级就要把初中的英文单词都背熟了，上了初中你们才能勉强跟得上。"我在心里默念，天啊，现在的娃可真是太难了！我小时候也没这么卷啊！何时都卷成这样了？旁边一位妈妈频频点头，并恳请老师不要留情面加紧学习进度。英语老师扶了扶眼镜轻描淡写地说："你们现在还感受不到紧张，我那个上初一的孩子家长跟我约课，都约到晚上九点以后了。"一听这话，我瞬间后背发凉。想起我的一位同事跟我吐槽，她那个上初二的儿子每天晚上光写学校作业就要写到后半夜，有一天居然在 11 点多就写完了，全家人欢欣鼓舞，鼓掌庆祝。原来此情此景并非杜撰，是真实存在啊！我掰着手指头算算，吾儿此等闲散的时光还有一年，而我也即将成为一个合格的卷妈。

"不想卷却不得不卷"，这是一位卷妈对我说的话。"谁不想自己的娃有个快乐童年啊？"这位资深卷妈是我童年好友，"我刚生孩子的时候就想，不能让我孩子累着，快快乐乐地度过童年多好。"这位卷妈童年时深受卷害，她妈妈每天都逼她弹钢琴，我们几个小伙伴放学对着她家窗户喊她出来玩，她只能一脸羡慕地看着我们在门口跳皮筋，只是一会儿溜号的工夫，就听见她妈怒吼着喊她赶紧练琴的声音。所以，长大后的她信誓旦旦地说，一定要把自己没有的快乐童年留给自己的孩子。可是计划真不如变化快啊，这才几年的工夫，她的娃上了三年级，这位妈妈的态度已经明显动摇了。"不卷不行啊，他们班的孩子各个都贼厉害，回回考一百不说，还都有才艺。放了学都有课外班，想找个一块儿玩的小伙伴都难。"

是啊，路漫漫其修远兮，吾将上下而求"卷"。

现在的孩子哪个没有十八般武艺，哪一个都是家庭重点培养对象，都是未来幸福生活的接班人。既然是委以重任的接班人那就得吃得了苦，耐得住寂寞，忍得了做不完的题，一切的一切都是为了长大成人不被拍在沙滩上。娃卷的背后必定是家长卷，这叫负责。扪心自问，我距离一个合格的卷妈还差着十万八千里。

都这么卷了，咱怎么破呢？一条路是：他卷，你更卷，卷死一个算一个。还有条路是：他卷他的，我看不见，并且得认。你选哪条路呢？不管选哪条路，都需要咱有一颗强大的内核，我琢磨着，这定力且得修炼呢。

CHATGPT 来了，还需要鸡娃吗？

“你听说过 CHATGPT 吗？”

一位科技达人跟我聊起了这个时尚的话题。

的确，最近这段时间，CHATGPT 连续刷屏各大媒体平台。即便是科技小白，或者只关心口红色号的直女，恐怕也在微信朋友圈里或多或少听说过它。

CHATGPT 用比 TIKTOK 快 9 倍的时间征服了一亿用户，市场估值 300 亿美元，于 2022 年横空出世。可以说，CHATGPT 已经颠覆性地火爆全球，成为科技圈第一大热潮。你在网上随便一搜 CHATGPT，就能出来无数与它相关的传说。反正就是相当拉风。

马斯克在推特上评价：CHATGPT 好得惊人，我们离强得可怕的 AI 不远了。

比尔 · 盖茨盛赞：它的影响不亚于互联网的诞生。

谷歌、苹果、百度、腾讯、阿里等巨头，也都相继公布了与此相关的产品规划和技术储备。

那么，到底啥是 CHATGPT 呢？

我的科技达人朋友是这样给我科普的：英文 CHAT 的意思是聊天，顾名思义，CHATGPT 就是聊天机器人，一种 AI 应用。它的算法很复杂，目前还只能以文字方式和用户互动。简单地说，你只需要向 CHATGPT 提出需求，不管是写论文、出总结，还是代码编程，甚至人情世故……都能分分钟帮你搞定。

于是，网友们脑洞大开，开始向 CHATGPT 提各种奇葩的问题，就想看看号称最聪明的机器人能不能接得住。我看到居然有女同胞向 CHATGPT 提出了男人们最不想听见的送命题："我和你妈掉河里，你先救谁？""如何鉴别渣男？""如何长久地谈恋爱？""当男朋友不理我时，我该怎么做？"等等，生活里每一道题都足以让对方死于无形。然而，CHATGPT 竟然都给出了答案。你一定奇怪于它的答案从哪里来。我的科技达人朋友告诉我，CHATGPT 之所以牛，就在于它善于整理人类几千年文明留下来的各种大数据，并且加以分析整合，从概率等一系列复杂的算法中提取出对你来说最正确的答案，而且绝对不是敷衍和客套。这种技能简直堪比一位学识无比渊博还无所不知的教授级贴身助理为你答疑解惑，并且态度贼好，知无不言，言无不尽，快速提供定制化方案，能不牛吗？毕竟，线下恐怕谁也达不到 CHATGPT 这种学习水准。

这么一看，我跪了！

以前，咱们想知道点啥，会上网搜。但是谷歌百度，一搜动辄几十万条的信息，你得挨条看，还得自己找出符合要求的内容，但是 CHATGPT 能提供属于你的定制答案，不用你自己分析比较了，省时省力还省脑。在美国，据说已经有 89% 的学生用它来做作业，既省事还能得高分。

按照现在 AI 的这种发展速度，用不了多久，它们能够取代大量的人类重要性工作。人工智能的趋势已经是不可逆的，更可怕的是 CHATGPT 还在一步步优化！它通过人类的提问还在不断学习进步！我的天啊，它简直是比学霸还学霸的存在？！以前觉得这只存在于科幻电影里，但是

CHATGPT 的出现，让人们意识到，未来已来，真的，我们离强得可怕的 AI 真的不远了。

我身边那些敏感的人已经开始感到焦虑了，很多人开始担心会失业。一位从事心理咨询的朋友认真地跟我探讨，CHATGPT 是不是可以取代她的工作？毕竟，人类现在已知的心理问题，它都能掌握解决方案，而且它的情绪还极其稳定，又有耐心。更焦虑的是家长们，以前还停留在学各种技能，刷题拼分数的家长们已经开始惊醒。AI 算法已经如此先进，鸡娃还有用吗？等到十几年后，孩子们将面临比我们更大的挑战，到底培养孩子什么能力，才能不被未来淘汰？

这个问题，我是在非官方家长会上听各位妈妈们讨论的。说是家长会，其实是几个同龄孩子的家长们聚在一起商量鸡娃大计。以往会上探讨的多半是哪个辅导班的老师讲得好，谁家的孩子英语已经超前背会多少单词，哪个班级的班主任抓得最严。每次参加这样的会议都会让我莫名的紧张，娃鸡没鸡不知道，反正我是先被鸡了个彻底。但是不参加吧，又显得不够合群。令我没想到的是，这次的家长会议题竟然如此紧跟潮流，就像暗潮涌动的湖面扔进了一颗石子，总是能激起波澜的，至于这波澜会持续多久另当别论。当下，家长们还是被 CHATGPT 给整蒙圈了，整不会了，刷题拼分数还有用吗？该怎么培养自己的娃啊？都是刷题长大的家长一时间搞不懂了，人工智能都这么牛了，咱还用不用鸡娃？该怎么鸡啊？

这还真是个问题，科技的发展决定了孩子的培养方向。我小的时候，流行的是学好数理化走遍全天下，学理科就是比学文科牛。计算机专业是当年我高考时的热门专业，等大学毕业才发现，计算机这种当年稀缺的专业设备不知不觉间已经成了人人都会的普及型家用电器。再到如今，智能手机人手一台，各种软件随时下载，你不会的技能也可以上网学，方便快捷高效了你的生活，前后跨度不过十几年，我那些当年高分考进计算机专业的同学如今都转行了，科技发展的速度远远比我们培养孩子的速度要快得多。其实，既然追不上，也就不必焦虑了，我琢磨着，人工智能再牛，“人工”两个字还是在“智能”前面。因此，作为家长，我们要培养孩子拥有人类不可替代的优势才是王道：一是成为那个对话质量高于计算机的人，让计算机不断学习我们的对话；二是成为那个教育计算机的人。

什么是人类不可替代的优势呢？是思想。创造力和想象力绝对是人工智能学不会的，让孩子回归人性本身，实现个性化，拥有对未来的综合能力。让孩子有机会尝试新事物和挑战自己，鼓励孩子多发表意见，提出问题和寻找答案。在学好基础知识的前提下，多尝试跨界玩点不一样的，不要局限孩子在一个垂直领域发展，而是鼓励他们天马行空的跨界创新。眼睛别盯着刷题和分数，而是加强数学思维和科学技能，多参加互动体验，鼓励孩子自己设计作品。

另外，人类在社交和共情能力方面的优势也非常明显。机器人缺乏人性化因素，家长可以多培养孩子社交和情感的能力，鼓励孩子多表达情感，让他们具有良好的沟通能力和人际交往能力，比如多参加社交活动、学习团队合作等，可以帮助孩子们提高自身情感的敏感性。

我们的孩子未来要面对的是不断变化的环境，是人工智能越来越聪明的环境，因此能自主学习的孩子才能适应不同程度的挑战。

有人问 CHATGPT：你会取代人类的工作吗？

你猜，它会怎么回答呢？

童话都是骗人的吗?

童话，大概是这世上最美好的谎言。

成年人的世界，不再相信童话，但是童年的我们却是在童话的陪伴下长大的，那些温暖的童话曾经一次又一次让我们的心柔软起来。以至于，长大后的我们唱着“童话里都是骗人的……”但是却依然很难忘记儿时那些伴随我们成长的好故事。

每天晚上临睡前，都是我和太阳的亲子阅读时间，我会给他讲童话故事。

深秋了，天凉了，我们常常躺在暖和的被窝里讲故事，这个时候的太阳特别听话，窝在我的怀里，静静地听故事，他说这是他最幸福的时光。

他现在大了，我会试着讲一些有长度的、稍微深奥的童话给他听。故事讲完了，其实很多时候他是一知半解的，我会问他听懂了吗。他的回答有时候超乎我的想象。有一次我给他讲《旅行的蛙》，这是一只特别自负的青蛙，它自以为聪明地想了一个办法：让两只大雁叼着树枝的两头，青蛙用嘴咬着树枝，这样它就可以飞到天上去旅行了。大家看到这么新鲜的事都在议论是谁想出的好主意，青蛙得意地说是自己，结果嘴巴一张，从天上掉了下来。我给太阳讲完这个故事，他并不认为青蛙聪明，还认真地说青蛙为什么不用手抓住树枝呢，这样它的嘴就能说话了？这个回答让我很意外，本来我做好了准备，要给他讲解一番不要自负的大道理，可是都没用上。

这件事给了我很多思考，父母究竟要不要给孩子解读童话故事背后的意义。前几天，在和一群父母交流的时候，这个问题让很多人困惑。一个故事，如果不给孩子解读意义，他究竟能不能听懂？故事又有多大的意义？可是如果解读的话，会不会那只是成年人的惯有思维，对孩子的想象力也许是一种扼杀。

暑假，我和太阳一起读完了《哈利 · 波特与魔法石》和《哈利 · 波特与密室》。在给他买这两本书之前，我还在犹豫，一个八九岁的孩子能不能读懂？复杂的情节和记不住的外国名字，会不会对他来说太难了？我该怎么给他解释伏地魔这个坏蛋的所作所为？什么是牺牲？什么是阴暗？那些不美好的东西，该怎么告诉他？这些他能理解吗？然而，当我们翻开第一页的时候，我发现，我多虑了。太阳很喜欢哈利·波特系列，甚至是如饥似渴，每天晚上都会催促我，让我讲哈利·波特的冒险故事。随着故事情节的进展，他也和童话里的哈利一样，在成长。而我担心的那些问题，其实孩子完全有自己的理解和解读。有些地方，我会停下来，问他的意见，让他给我解释谁才是终极大 BOSS。别说，小家伙的理解相当到位。

关于童话故事的种种顾虑，做父母的该如何考量呢？

我们看看童话故事究竟能带给孩子什么？

开启思想。专家认为，童话其实是最接近儿童心理特征、思维特征的，所以它的思想品德教育、社会知识的传授最易于儿童接受。

发展想象。幻想力是创造力的基础，幻想是创造的开端。从这个角度来说，童话集中了人类最大胆的幻想、最自由的幻想、最优秀的幻想。

培养美感。童话中的人物、童话中的故事、童话中的环境，被幻想笼罩着的一切都是美的，美的陶冶会使人变得纯真而高尚。

愉悦童心。童话是以带给孩子最大快乐、最多生趣的文学样式。童话的幻想、夸张、拟人等特点都具有极大的快乐因素，而孩子在童话境界中的大胆自由驰骋更加剧了快乐的感受。

从这个角度来讲，父母给孩子讲故事的时候，如果过分注重童话的意义反而忽略了童话应该给孩子带来的快乐和想象，就得不偿失了。再说，如果父母总是把注意力放在意义上，那该多无趣啊？毕竟，谁都不喜欢被拷问“本文的中心思想是什么”。

另外，从另一个层面上来说，童话本身蕴含的意义有很多，作为成年人的解读也只是其中的一个点，并不能代表全部，与其让孩子只看到这一点，不如让他发挥自己的想象力和理解力去体会更多的内涵。

成年人太过追求凡事有意义，然而这世上的很多东西珍贵之处就在于“无意义”。这不是“1+1=2”，而是一千个人心中有一千个哈姆雷特。这就好比，你带他去看画展，一幅画在眼前，你一定要他看出来到底是像苹果还是像鸭梨，反倒忽略了这幅画带给孩子的美好享受和更丰富的想象空间。也许在孩子眼里这幅画既不是苹果也不是鸭梨，而是一个宇宙。

我曾经给孩子写过一套和哈利 · 波特一样的冒险童话《太阳大冒险》。故事发生在电视台里，太阳和他的小伙伴一起完成了拯救大人的冒险，每一次闯关对孩子来说都是一次磨砺和成长。作为一位母亲和作者，我更希望孩子们在童话中感知温暖和爱。

其实，成年人不需要纠结这有什么意义，童话的意义恰恰在于天马行空的想象和不言而喻的哲理，这些，就让孩子们和童话中的主人公一起去慢慢感悟吧，这也是一种成长的过程，不是吗？而我们这些看着童话长大的成年人，也不妨和孩子一起去探索童话的世界，有些人生的智慧早已蕴含其中，即便长大，我们仍然可以做那个相信童话般美好的孩子。

谁还不是个宝宝呢？

与娃斗，其乐无穷

若不是日历翻到了六月，我都差点忘了六一儿童节……

太阳可没忘，距离儿童节还有几天，他就旁敲侧击地叮嘱过我几次，该给他买礼物了。

对孩子来说，儿童节最大的吸引力绝对是礼物，若是日常上学的节奏，六一这天还能得到疯玩的待遇。

我一边哼哼哈哈地答应着，一边叮嘱他今天要认真听课，课后作业要及时完成，写完之后立刻拍照发给我，我好给老师上传作业……太阳同样哼哼哈哈地答应着，手里仍然鼓捣着平板电脑，这是目前比他亲妈还亲的家用电器。

说来我也纳闷，学习上没见他有这么大兴趣，可是他已经无师自通地把平板电脑的各种功能搞得明明白白，下载软件，上网搜索，保存图片，P图……全都会，我检查了他的电脑桌面，居然自己还把各种 APP 进行了功能分类储存，比我的电脑屏幕都有秩序，我有点甘拜下风的节奏。

“妈妈，六一儿童节，我想要这个！”太阳指着平板电脑上的图片对我说。

我低头一看，这是乐高最新出的一款玩具，“这是我最新种草的，我在网上搜到的，我想要这个礼物。”太阳得意地告诉我他的礼物清单。这家伙现在早已实现足不出户就可以把各种玩具一网打尽的目标了。他甚至已经不再央求我带他去商店选礼物，而是自己在网上搜索，还能进行比较，最后锁定目标，并且只是通知我而已。

其实，我早已习以为常，但是不得不感叹这个变化的速度如此惊人，仿佛不久前，他还是那个对网络一无所知的 BABY，眼下九岁的他早已自学成才地熟练操作各种网络技能，就连和姥姥出门坐公交车，他都偷偷地在姥姥的手机上下载了某 APP，可以实时看到公交车何时到站，手机上的任何功能他都能熟练地帮姥姥解锁。

以前我常常以各种借口让他少接触网络，可是上学以后，我已全无抵抗之力，不用平板电脑，不上网，这日子怎么过？不是他疯，就是我疯。

每天关于上网用平板电脑的时间成了我们母子之间最大的战争，斗智斗勇，不厌其烦，常常歼敌一千，自损八百，两败俱伤的结果，让我痛定思痛，不能再这么放任自流了。我得上手段了，哼！我是他妈，我还整不了他？我在心里暗暗给自己打气，知己知彼，百战百胜。

首先，必须上的手段是人盯人战术。

那段宅家上网课的阶段，每天早上 8 点 40 分，老师要求同学们进入网上教室。刚开始，这家伙还能老老实实地等着同学们组织早自习，后来，趁我忙着做早饭的工夫，他就开始自己偷摸鼓捣研究平板电脑上的各种隐形功能了，什么美颜啊，加个兔耳朵啊，整两撇小胡子啊，甚至还怕老师发现把视频偷偷关掉。人是坐在那儿了，学没学就另当别论了。发现这个偷梁换柱的行为之后，我决定盯，必须死盯！我在还好，我上班了，姥姥盯就不好使了。他居然可以糊弄姥姥了，反正很多网络功能，姥姥是真整不明白啊。几番实践下来，人盯人战术失败，因为实在盯不起啊！大人总得上班啊！

那咱就换个办法，动之以情晓之以理。

我开始给太阳洗脑，灌输各种道理。好在每天晚上我们依然保持讲睡前故事的习惯。我常常借题发挥，讲到哪个故事的时候，只要能拐到好好学习上，我保证不能落下这个机会。以至于后来，还没等我开口，太阳已经会抢答了:“你不就是让我好好学习吗？”还给我摆出一个不耐烦的表情。我顿时有点七窍生烟的感觉，强忍住怒火，保持耐心地继续做我的思想工作，我就不信了，大不了天天讲讲，总有一句能听进去吧。难怪老人们常说：七八岁讨狗闲。这个年龄段的孩子的确挺烦人，烦就烦在凡事都跟你对着干，你说东，他偏偏往西，哪个父母不被气得动手已经算是有涵养的了。但是烦归烦，这个年龄段的孩子也是进入了人生的第一个叛逆期，也是自我意识萌发的阶段，特别渴望被认可，利用好这个时间段也会增加孩子的自信心。咱得做有知识的老母亲啊。所以，继续讲道理吧！换着法儿讲道理吧！用他能听懂的话讲道理吧！只要有耐心，铁杵总能磨成绣花针！

耐心实在不够用的时候，棍棒也是不得不安排的手段了。

那段宅家的时间，没跟孩子动过手的爹妈，恐怕不多见吧。再有耐心的老母亲，是不是也有偶尔举手拍屁股的时候？拍完了，自己还后悔够呛。可是看着孩子那个欠打的样儿，可真是所有的涵养都抛到脑后了。小树不修不直溜！我也狠狠地拍过太阳屁股，第一次这家伙居然哭了，看着他委屈的小样，老母亲的内心是自责的，“我怎么这么没有耐心呢？这样不好，这样不好！”可是下一次，他还不长记性的时候，我这手似乎有了记忆，自动自觉地朝着屁股拍了下去。要说，打还真是有点用，至少当时他是知道错了，至于长不长记性那就另当别论了。我琢磨着，棍棒和糖果都得有，所谓奖惩分明，打个巴掌还得给个甜枣不是？犯错误的时候，来一巴掌；表现好的时候，就得给块糖。这和训练小动物有点像，就是让他意识到：做错了，要付出代价；做对了值得表扬！如此反复，也就形成了习惯。

孩子上了三年级，这三年几乎都在家上网课，讲真，把我们母子的耐心都消耗得差不多了，然而从另一个角度来说，这段时间也是拉近亲子关系的契机。斗智斗勇也好，鸡飞狗跳也罢，都是彼此了解的过程。经此一役，彼此的底线和喜好都能心里有数了。

当好妈妈绝对是一个女人一生的修行，老母亲们，稳住！别慌！路漫漫其修远兮，保持体力，保持情绪，保持智慧，与娃斗，其乐无穷！

旅行，带娃不?

一场说走就走的旅行，对大人而言是浪漫和随性，对带娃的大人而言就是囧途!

出发前，预想的温馨浪漫其乐融融，到地方就变成泰囧、港囧，各种囧……

你这边刚想拍照赏景，那边娃饿了娃渴了娃拉了……更要命的是娃伤了娃病了。我的一位朋友就曾经带三岁的孩子去泰国旅行，结果孩子发高烧，两口子语言还不通，到处找医院，那种虐心的经历至今都是坑。回来后对灯发誓再也不带那么小的娃出去旅行了。

更致命的是，钱花了，罪糟了，娃还记不住!

常听身边的父母吐槽，孩子这么小，带他去哪玩也记不住，还有旅行的必要吗?

带孩子去旅行 OR 不带孩子去旅行？这是个问题。

YES!

对于两三岁的孩子来说，三亚的蓝天和沈阳的蓝天似乎没有区别，在海边挖沙子和在小区院里挖沙子没有区别……

这个问题也同样困扰过我，小孩子对于旅行的记忆到底会有多少？旅行对孩子来说究竟有多大价值?

回头想想，太阳第一次旅行是在他一岁半的时候，清明小长假一家人去西安旅行。那次, 我还真有点紧张, 毕竟是一岁半的孩子第一次出去旅行, 我这个做妈的要操心的事挺多，家里老人也担心那么小的孩子第一次坐飞机能不能适应？旅途劳累，孩子会不会生病？当地饮食，孩子能不能吃得惯？各种言论不绝于耳, 最终老人们的结论是, 还是不要带孩子出去旅行了, 等大一些再说吧。我想这个场景, 你一定很熟悉, 家家似乎都如此吧？可是, 我这个要强的妈当年还是坚持带太阳去了西安。

第一次坐飞机，小家伙兴奋得不行，并没有预想中那样害怕，两只小眼睛目不转睛地看着机舱窗外的蓝天白云。两个小时的飞行，时间还 ok, 只是起飞和降落喂了两次水，其余全程都相安无事。西安的气候和沈阳差不太多，感冒我倒不担心，不过饮食还是有些怕他不适应，毕竟才一岁半，很多东西他还吃不了，所以全程带了开袋即食的宝宝辅食，小家伙一点没有水土不服。

当我抱着他参观秦始皇兵马俑的时候，嬴政的千军万马让他很是震惊，那个惊讶的小表情我至今难忘。虽然当时小家伙还只会蹦字，但是两只小眼睛一直在滴溜乱转，不断地观察，我能想象这一切景象会在他的小脑袋里呈现出怎样的画面，这种兴奋的刺激会让他印象深刻。等等，这一切会不会只是我自己的幻想？孩子是不是很快就会忘了?

不甘心的我回来后，专门去查看了专家的说法，讲真！孩子的记忆力真的并不强，他真的用不了多久就会忘了。以至于日后你认真地跟他讲，妈妈曾经带你去过这个地方，他会一脸懵懂地看着你说：“我不记得了。”崩溃不？焦虑不？钱白花了不？ NO！别急，重点来了！虽然孩子也许会忘了曾经去过的地方，但是环境的变化会刺激孩子大脑语言功能的发育，会让他的表达能力迅速提升。果不其然，这次旅行回来，才一岁半的太阳就能说完整的句子了，表达得很清楚。当时他兴冲冲地跑过来，指着电风扇对我说：“转转给我开开！”老母亲激动得老泪纵横啊！钱果然没白花！罪也没白遭！

如果说第一次旅行还只是小试牛刀，只有短短的四天，飞行时间两小时，太阳很适应，那么接下来老母亲的胆子也更大了。后来，我带着这个几岁的小家伙去了成都、山东、三亚、北京、上海……甚至当我独自一个人带着五岁的太阳飞了 16 个小时去美国旅行的时候，他表现出来的适应能力让我惊讶，要命的时差和冰冷的食物都不在话下，小家伙居然还独自和美国警察用英文对话……每一次旅行归来他都有变化，会说、会表达，也会自己整理东西，我们之间的亲子关系也更好了……果然，每一次旅行都是一次成长的契机。

如果你还在纠结带孩子旅行到底有什么意义，让我来梳理一下吧。

旅行给孩子探索世界的机会

尽管小孩子很有可能不会记得去过哪些地方，但却能透过旅行中的所见所闻，学习用不同的角度去看世界。他会提问，你要解答；他会观察，你要启发；你也可以给他带上纸和笔，把路上观察到的事物画下来。

旅行中培养孩子的好品格

旅行是最好的教养方式。旅行让孩子有更多的机会面对不同的考验，学着长大。要排队、和别人分享、要按时起床、哭闹无法解决问题……旅行可以让孩子学会遵守规则，培养良好的人格和品质。

旅行中培养孩子的参与意识

旅行中，孩子不只是个跟随者，也应该是个参与者，参与的同时，让孩子学会沟通交流，锻炼独立的个性。每一次出行，先从准备入手，让孩子自己背背包，鼓励孩子自己学着打包。旅行线路和计划多征求孩子的意见，全家一起做，不需要多深入，但至少让孩子感受参与带来的快乐。回来后，也可以和孩子一起讨论旅游的回忆，孩子小也许不会记得全部，但片刻快乐的回忆是难忘的！

旅行是对孩子最好的陪伴

带着孩子去旅行，是属于全家人的快乐记忆，坐飞机坐火车，旅途中讲故事，住在酒店里，享受美味的早餐，海边挖沙拍照……放下手机，用心陪伴和感受，享受和孩子一起的亲子时光，整个过程是一家人的幸福时刻。

还有一个温馨提醒：无论你是否选择带孩子出去旅行，都别忘了旅行的意义——并不是不停地刷朋友圈，各种拍照各种晒，而是父母的好状态和陪伴心。多听听孩子的心声，旅行会改善亲子关系，会让你和孩子的心贴得更近。

旅行去吧，别忘了，带上你的娃！

家的味道取决于女人

“这一年过去了……我很怀念它。”

当年冯小刚的贺岁片里，就有这么一句话。

你有没有发现，年纪越大时间越不禁过，尤其是过年，只有小孩子才期盼过年的新衣和好吃的，而成年人想到过年，是回望是总结，也是对来年的计划和期盼。

常听人说，现在的年味淡了，不如从前了，那种过年的兴奋点已经被日常的富足冲淡，毕竟小康了，啥也不缺了，吃啥穿啥买啥再也不用等过年了，就像兑了水的果汁，咋喝也不是那个甜味。

其实，年味没有变淡，只是过年开心的，不再是我们这代人……

有一年的春节前，已经是腊月二十九了，我还在忙着采访赶节目，买年货这项工作已无暇顾及。那天，正巧在一家商场做活动，现场邀请书法家给大家手写春联。商场里播放着步步高的曲子，人们大包小裹地来来往往，每个人的脸上都是幸福的样子，那一刻，我才意识到，要过年了。啥是年味啊？这就是，是冲破平淡生活的仪式感，是张罗的唠叨，是彼此的惦念……

生活的富足让我们可以任意选择生活的方式，不再是单一的模式，只要你想，只要条件允许，你完全可以实现。前几年，流行东北人去海南过春节，以后，说不定流行地球人到月球上过年。只有你想不到，没有人办不到。

中国已经进入小康社会，我们的物质真的丰富了，就看过年的年夜饭吧。以前，谁家过年不得吃顿饺子？还得嘱咐家里的主妇多放油，香，满嘴流油是幸福的标配。后来，年夜饭的菜单里多了鸡鸭鱼肉、鲍鱼海参这样的爆款，绝对是 C 位。为这一桌年夜饭，家家的主妇们早早就得忙活起来，为的就是大年三十这一晚的惊艳亮相。年夜饭代表的不仅是好不好吃，更重要的是家庭地位的体现。你就看吧，谁掌勺，家里就谁说得算。家里的老爷们就是一年不做饭，年夜饭也要露一手，重要的是以此显示自己的家庭地位。再后来，干脆不在家做了，下馆子去。每年除夕年夜饭的预订都是饭店的重头戏，有的最早八月份就开始预订了，晚了，是真订不着啊。这种在饭店吃的年夜饭，最重要的免去了事先的准备，还有事后的收拾，省事，好吃，又有面子。可惜，还是少了点家庭成员共同参与的乐趣，毕竟，吃不是目的，过程才珍贵。忙了一年到头，家里人难得有工夫聚到一起，做顿饭，吃顿饭，包饺子，看春晚，这一整套流程里，少了哪个环节似乎都差那么点意思，你家的年夜饭要是没有一两个有特点的融合菜，你都不好意思拍照发朋友圈。关键是，掌勺的人也发生了变化，不再是婆婆妈妈，而是我们这些三四十岁的顶梁柱了。我们的饮食喜好也更宽泛，重质不重量，有特点最重要，牛排沙拉寿司也大摇大摆地摆上年夜饭的餐桌了，没那么多讲究了，爱吃啥就整点啥。

从年味到年夜饭的变化，其实也是我们这代人成长的过程。但是不管怎么变，一个家的味道，取决于女人。

牛年的除夕，是我这几十年来第一次掌勺年夜饭。系上围裙的那一刻，我真是有种接我妈班的感觉，瞬间责任感上身，这顿一年到头中国人最重要的饭，也是家庭成员的全部寄托。就好像，年三十的饺子，馅好不好吃，老人们能念叨一整年。小时候不明白到底为啥，现在终于懂了，年夜饭和三十的饺子，是一家人一整年的希望，这份好兆头，也让一家人新的一年更有奔头。

因此，家里的女人每每在年夜饭的设计上制作上要花费更多心思，也是体现一个女人管理家的水平。所以，这顿饭，可以说是家庭主妇厨艺才艺以及家庭管理水准的 PK，谁能心甘情愿地输掉呢？

婆婆妈妈那一代是小卷发大花貂再整一桌年夜饭，家庭成员都满意，这个年就算圆满地过去了。我们这一代呢？开始思考，怎么过更有新意？要不要出去旅游过年？看个贺岁档、朋友聚聚餐、带孩子四处转转……年味，终究还是要有的，淡的不是年味，而是我们对生活的态度。你不放弃，它就是醇厚的美酒；你若放弃，那便是淡而无味的白开水。

对于过年，不管多大，我们都得有点孩子的赤子之心，也许无法回到第一次见到糖果的兴奋度，但是我们依然可以喜欢糖果的甜，喜欢生活的滋味。小孩子喜欢糖果只能从大人们手里要，而我们不同，成年人的糖果是可以自己去创造的，只要你有一颗热爱的心，你完全可以让自己的生活充满各种甜，不只是过年，可以是每一天每一年。

要不怎么说，一个家庭的味道如何，日子过得怎么样，很大程度上取决于女主人的态度。至少，年前要把家里的卫生搞一搞，做不到窗明几净，也得是该擦灰的擦灰，该摆花的摆花，该换的换该洗的洗，可别小瞧了搞卫生，这会让自己的心情好起来，而且有治愈的作用。其次，年货还是要买的，不必囤货，但是该准备的还是得准备，大包小裹地塞满冰箱其实也是填满了自己的心，不空虚，还有安全感。有条件的，年花年画也都安排上，春联福字红包这种烘托气氛的东西，不用花很多钱但是效果却立竿见影，你一看，就有过年那味了。另外，就是年夜饭的菜单了，早计划，实在对自己的厨艺没自信的，可以准备半成品，到时候拿出来一亮相也差不到哪儿去。重要的是心意，让爹妈歇歇，让老公点赞，让孩子崇拜，增强自己的家庭权威，这不香吗？顺便，别忘了给自己买身新衣服，孩子老公家里老人的都买了，也对自己好点，你好了，全家都好。

生活的仪式感，体现在哪儿？一蔬一饭，一桌一椅。仪式感不是矫情，而是对生活的认真态度。你敷衍了生活，生活自然不待见你；你重视了生活，生活一定让你感受到美好。

幸福是一种能力！

年味，浓淡与否，只是我内心的写照，别抱怨。其实，谁都没变，变的只是我们自己……

BELLOTA
BELLOTA

解不开

“做一个热气腾腾的人”

要做中年少女吗?

形容女性的词汇很多，不知道什么时候冒出个流行词“中年少女”。说实话，当我第一次在网上刷到这个词的时候，有种不那么自在的感觉，仿佛一个满脸褶子的大姐硬要穿上粉红色的超短裙，强颜欢笑的尴尬不说，还有种抓不住已逝青春的挫败感，那种窘迫，暴露无遗。何苦如此为难自己呢？本来嘛，中年和少女，这两个词就是泾渭分明、势不两立的状态。

我已人到中年，少女也已经离我远去多年，我甚至都极力避免回忆起自己的少女时代，没啥可骄傲的，多半想起来的都是傻不拉几的丑事和没有 P 图的丑照。现在的我可比少女时的我好太多，这是我对自己的不接受反驳的认知，而且是令我感到骄傲的资本。毕竟，少女时的好是从爹妈那儿继承来的，而中年时的好才是自己奋斗来的，是自己的好，是真的好。每次当我看见那些浑身挂满蕾丝蝴蝶结的少女，那无知而明媚或忧郁的脸庞，尽管满满的都是胶原蛋白，吹弹可破，我却并不羡慕。一方面是青春流逝的自然规律谁也控制不了，羡慕真没用；另一方面，我还真觉得，等着瞧吧，看看岁月会给这青春的脸上留下什么，各凭本事吧。这不是酸，是一个多年媳妇熬成婆的必然经验。

可是，当“中年少女”这个词一出现，一时间，我竟然不会玩了。中年和少女这两个词不违和吗？到底是应该中年，还是应该少女？总得占一头吧？中年少女是个什么样？老姑娘？不服老？装年轻？这不闹呢吗？我好不容易熬到傲视群雄的中年资本，怎么又让我装嫩？傻不傻？简直是笑话。

更可笑的是查到网上列出了中年少女的七大特征：1. 喜欢粉色；2. 开始保养和养生；3. 脱发；4. 爱逛购物平台；5. 想和小鲜肉恋爱；6. 喜欢看小甜剧；7. 想减脂但抵抗不了美食。一一对照下来，我都气乐了，肤浅，太肤浅！喜欢粉色就少女了？哪个年龄不脱发？爷爷奶奶都喜欢网购了！这是对中年的误解，也是对少女的歧视。

我和身边的女同胞们深聊过这个话题，她们中竟然有几个表示认同，因为实在是不想心甘情愿地就这样老去，谁年轻的时候还不是个妙龄少女？人近中年，危机感也随之而来，再加上过日子那些鸡毛蒜皮的破事，老人的健康、孩子的分数、老公的工资没一个省心的，就更想拼命抓住青春的尾巴，实在抓不住就硬抓，创造条件也要抓，于是乎，粉色短裙就被安排上了，区别在于，有的敢大胆地穿上，有的敢偷摸地买，却不敢大胆地穿。

琢磨半天，我发现，到底啥是中年少女呢？其实，中年是年龄，少女是心态。

少女会老，少女心不会，但少女心绝不局限在粉色超短裙。就算敢不惧他人眼光大胆穿上粉色超短裙也不代表就有一颗少女的心。中年少女并不是不符合年龄的幼态，不是说敢穿粉色超短裙就是少女心了。中年少女可不是好像从来没被生活吊打过一样，而是被岁月残忍地打磨过，仍然愿意保持和解与重启的心态。女人最好的样子来自好心态，与年龄无关，在一地鸡毛的中年生活中，始终保持一颗年轻态的少女心，哪怕岁月老去，心也永远年轻。这才是中年少女的正解，也是每个女性都该努力追求的样子。

生活里的烟熏火燎，没人能左右，人到中年更懂得顺其自然的道理，不杠了，不怼了，但我们也不认怂。中年依然可以保持向上的秉性，好奇的热爱，不盲目扎堆，也许孤独但却自由自在。既有岁月的沉淀，也有青春的纯真；既有看透人心后的淡定从容，也有匍匐在人间烟火中的倔强自立。

女人总是以自己不习惯、不喜欢的方式，变得成熟，很多道理人到中年都懂，说起来容易，做起来难啊！但这却是我们的必经之路，中年太过残忍，少女又过于苍白，那么中年少女就好很多，包容并蓄。这种状态一定是经历了很多生活上的磨难和感情上的沉淀，最后才明白所有的苦难都只能靠自己治愈，安全感是自己给的，幸福感更是自己创造的。你看过人生那么多的美好风景，也熬过那么多的岁月风霜，站在中年这个年纪更应该特别骄傲，优雅而高级，自信且美丽，不盲目取悦他人，也不过分委屈自己。

谁也不能免俗，女人一路跌跌撞撞到了三四十岁，再纯真的少女也必然成为老练的中年女子，只是有些人心智未必匹配形象的成熟。细看，每个中年女人都不可避免地眼角有了细纹，脸上开始松弛，头上也有了白发，但凡多吃几口，腰部的维度就会不争气地扩容，再不是少女时少吃几顿饭，体重就能轻松不过百的时候了。你看，曾经以为会一辈子拥有的利落与轻盈，如今都需要下狠功夫才能维持。少女的憨态和轻灵已然不见，但我们骨子里的天真和热烈的底色始终都应该在。

细想，中年少女也许是我们能拥有的最好的一种状态，褪去了青涩，有了成熟的魅力，更有了抵抗生活刁难的能力，那些单位新来的少女们也会用羡慕的眼光看待我们。这个年纪，化妆上可浓可淡，服装上可盐可甜，性格上可进可退；你可以表现得年轻，或者优雅而冷静，什么风格你随意，但心境淡泊且如花；可以成熟老练，杀伐果断；可以贤妻良母，客厅灶台；可以白天笑看人情世故，也可以夜晚独自小酌流泪……你知道，无论何时何地，即便深陷泥泞中也能尽力开出花来，任何时候都可以一路芬芳，把自己活成自信的中年少女。人来人往，也许跌跌撞撞，但却自有腔调。多美！

看到这样一句话：不负昨日路，不负今日景，不忧明日事。这或许是中年少女最理想中的样子，如果此刻你还未完成，那么请继续。相信我，中年少女，你值得拥有！老年少女，也不是不可能！

任何年龄，都别放弃自己，把日子过得漂亮。

30+ 焦虑，还是 40+ 焦虑?

我们三个女人终于聚上了。年前事情多得焦头烂额，工作上的收尾，屋子里的卫生，家里老小的新衣和年货……哪样都需要女人操持，所以，年前真是家里女人忙飞边子的时候，自然，和闺蜜的聚会一拖再拖，等到终于聚上的时候，已然是新的一年了……

“你们说，是 30+ 焦虑，还是 40+ 焦虑？”

刚坐定，小九就毫不客气地提出了一个极其扎心又不可回避的问题，毕竟，新的一年轮转，女人对时间的计量总是很敏感，就如同男人对金钱的数字一样，有执念。

还没等我回答，一旁的小雨已经开始抢答了：“我觉得自己二十多岁的时候挺傻的，一点不好看，我并不觉得年轻那会儿有多好。”小雨是那种看似温温柔柔实则要强如钢的女子，不熟悉的人很难看出这姑娘还有两副面孔。她也不爱跟不熟悉的人说话。人群中，小雨极其善于隐藏，我想，她大概是善于隐藏锋芒，避免高调，刻意地与人保持距离才能样样都好。只有和熟人在一起，她才会在不经意间语出惊人，用最柔的语调说最狠的话，常常一语中的，却让你感觉不到强势，绵里藏针，这才是高手。

“我马上三十五了，为什么我觉得过了这个年，感觉极其焦虑呢？”

小九无助地看着我俩，继续说，“你们知道吗？前几天，我颈椎不好，晚上睡觉的时候用了治疗颈椎的枕头，头后仰着睡。早上起来，我一照镜子吓自己一跳，居然多了两道抬头纹，哭死我了。”说着，小九赶紧用手指撑住自己的额头，仿佛一用力发功，就能把多出来的抬头纹给撑回去。“有那么夸张吗？”看着她滑稽的样子，我笑着说，“来，我鉴定一下。”我故作仔细地看了一下小九的脸，“鉴定完毕，依旧貌美如花。”小九笑了起来，“烦死了，烦死了，我是不是老了？哪有女人不怕老啊？”

我们三个隔着吱吱冒油的烤肉炉子，谈论着关于女性衰老和焦虑的话题。烟火气能暂时抚平内心的空虚，毕竟填饱肚子很容易让人获得满足感和安全感。肚子填满了，心的位置就被挤小了，也不会觉得那么空了吧？一想到这个日渐老去的自然规律，我们一人嘴里赶紧塞了一口刚烤好的肉，压压惊。如果换作几个老爷们，大概就是“哥儿几个走一个”，举杯一饮而尽，接下来的招牌项目就是各自吹嘘自己年轻时有多猛，干了多少傻事，爱过多少姑娘，喝多的那位也许还能抱着身边的兄弟借酒痛哭一下，嘴里念着当年那个爱而不得的名字……在酒精的作用下，这帮老爷们才能暂时忘记KPI和贷款，让自己飘一把，因为喝多了，就没人跟你计较了。火熄灯灭店家打烊之际，各回各家各躺各床，第二天还得照样爬起来继续为养家糊口的生计奔波，这就是人生最现实的模样吧？但女人稍有不同，女人的内心大概是不想接受现实的，还心存幻想，也许是我们对自己并不那么狠吧。

比如，女人对年龄、对容貌、对皱纹、对下垂、对白发、对身材……总有着无法释怀的执念和焦虑，不分年龄和地域。这种执念会随着新年的到来更加明显，所以，新年伊始，我们常常会听到身边的女人说，今年我一定要瘦下来，要多读几本书，要努力成为富婆……可是到了年尾，年初画的大饼多半没实现，也实在咽不下了，因为一直在吵吵戒碳水，只能用种种借口来掩饰心里的遗憾吧，这就是心虚。

“过了四十岁，我感觉心情豁然开朗，就像爬山，人生过半终于来到半山腰处的平地，前半生的崎岖和艰难，在这半山腰处都得到了暂时的喘息和抚慰。眼前的风景也比之前更开阔，欣然接纳，然后继续上山。至于后面的路，其实还一样艰难，但是心境不同，走得就更自在了，吹风、看景、信步闲庭，悠悠然。”说完，我闭上眼睛，仿佛置身仙山画卷中。

小雨和小九坐在对面看着我，一时不语，两个还没到四十岁的女人恐怕还没法儿理解我说的意境，毕竟，我在三十九岁的时候都没这感悟，但是一过了四十，仿佛立刻悟了，人生的很多事都豁然了。难怪古人说四十不惑，也许还会有新的惑，但是之前的那些久久无解的惑，那些自己拧巴的惑，那些无法释怀的惑……都随着四十岁的生日蜡烛一一熄灭，很神奇吧？所以，在我看来，一个女人最好的年龄就是 40+，学会自洽了，成熟而有韵味，这些是岁月馈赠给我们的礼物。

“真的吗？”小九有些怀疑地问我，“到了四十岁就好了吗？”

我大笑着说：“等你到了四十，就连皱纹都是有魅力的。”

小九又顺势摸了摸自己的额头，那因为仰睡而多出来的抬头纹，此刻已然不见了。

一旁的小雨点点头：“我信，我马上就加入‘四零’俱乐部了，希望到那时会遇见更好的自己。”

“一定会的。”我说。

30+ 的焦虑来自成家、来自生计，40+ 的焦虑来自家庭、来自价值。其实，女人最大的焦虑不一定是颜值和身材，更多的是内心的空虚感，如果徒长的只有年龄，没有自我成长，那才是最该焦虑的时候。就好像男人如果只有秃顶和大肚子，没有格局、智慧和事业有成，那恐怕也是焦虑的所在。所以，人们把好看有内涵又有钱的女人叫小姐姐，把帅气有气场有事业的男人叫大叔。治愈焦虑的从来都不是口号和鸡汤，而是实实在在的奋斗和年复一年的自律。

如果你此刻正在为自己的年龄焦虑，不妨把注意力放在具体的事情上：焦虑身材和颜值，就去健身保养做医美；焦虑气质和格局，就去多读书多学习，和有学问的人做朋友；焦虑物质和金钱，就去打拼事业做自己的老板……你若盛开，管他蝴蝶来不来。

抛开不切实际的幻想，踏踏实实地去做事，你的焦虑自然被化解了。说得再实际点，让自己忙起来，也就没时间焦虑了。嘴里喊着焦虑，手里却不做事，这才是要命的啊。

我、小雨和小九，三个不同年龄的女人，相视一笑，此刻炉子上的烤肉吱吱作响，窗外虽说依旧寒冷，但是我们的心里都揣着一把火，不管啥时候，都别让自己心里的这把火熄了，那是活着的劲头和精彩的动力。

“人生处处有风景，30+ 也好，40+ 也好，都不必焦虑，活出自己的精彩，自然通透。”我微笑着说。

寒炉茶烟袅袅

围坐共饮闲聊

知岁一寒，又一年

做一个热气腾腾的人

听说，最近流行松弛感

松弛感应该是 2022 年的年度热词了吧。

仿佛一夜之间，称赞女性有魅力的标准怎么就多了一个松弛感？

那么，究竟什么才是真正的松弛感？我们如何让自己拥有松弛感？

女友楠指着杂志上的某位女明星说："松弛感就是眼神慵懒，衣着随性，全身上下由内而外透着那种不在意的感觉。真高级！"说完，楠还故作姿态地摆了个女明星同款 POSE。"看看，就是这个松弛劲，不费力地迷倒众生啊！"

楠的羡慕溢于言表，这已经是最近这一个月我听到的第四位向我描述松弛感的女友了。从服饰到家居，从内心到个性，一时间，松弛感几乎以压倒的姿态冲上女性高级标签的榜首。看多了一个慵懒眼神就迷倒众生的女明星，听多了网络铺天盖地对松弛感的解析和延伸，你会不会蒙圈？或许难免会陷入"我不够松弛"的焦虑中。

这个初秋周末的下午，我和楠开启了关于松弛感的对话。很奇怪，女性就是莫名地需要分享，仿佛只有分享才能更笃定地走下去。

"我觉得周迅、舒淇、俞飞鸿就挺松弛的，每次她们出场都是那种慵懒、放松、随意的范儿，在众多人中显得很特别。年龄根本不是问题，时间在她们身上根本看不出痕迹，相反，时间赋予她们的都是魅力，岁月从不败美人啊。”楠对自己的偶像总是不遗余力地夸赞，女人对女人的赞美很难得，那必须是发自内心的欣赏和钦佩才有的赞美。

我表示赞同地点点头，这几位女明星我也很喜欢，她们早已过了青春年少的无知年纪，中年女性身上特有的从容不自觉地流淌出来，但行好事不问前程，真潇洒！“我觉得松弛感的本质就是从容不迫。松弛的状态，可以理解成一种轻盈自在。轻盈自在的外表，源自内心的从容。松与驰之间，都从容应对。松弛感不是躺平和摆烂，是一种情绪稳定的状态，是一种不讨好的随意感。”

“对，不骄不躁，清醒自知且愉悦，是对人对事对生活的一种淡然的态度。”楠总能恰当地接上我的话，我们果然是彼此能懂得对方的知己好友。

“做一件事，过程中不摆烂，也不卷，而是不疾不徐，稳扎稳打，尽心尽力，然后耐心等待结果，这是一种相信功不唐捐的从容。”

楠频频点头，“对结果和他人的看法都看得不那么急切了，这是我到了四十岁这个年纪才悟出的人生哲理。”中年女性，如果没有太早放弃自己，身心都还在反思和成长中，往往都能在人生过半时更具魅力，这是时间赋予的礼物，其中就包括这神秘的松弛感。

举个例子，为什么很多人都喜欢苏东坡？除了他的学识和才华之外，苏东坡身上恰如其分地显现出了这种高级的松弛感，尤其是在苏东坡经历人生跌宕起伏后，才顿悟了这看似高深的道理。苏东坡在被贬黄州的第三年，一次旅途中突然遇到了急雨，当别人都担心没有带雨具而被淋湿该怎么办，他却在雨中闲庭信步潇洒自如，写下了这样的诗句：“竹杖芒鞋轻胜马，谁怕？一蓑烟雨任平生。”“竹杖芒鞋”是苏东坡当时的境遇，也是他在黄州窘迫的概况；“谁怕？”是他面对苦难时从容松弛的状态，对于结果和他人的看法不强求也不紧张；“一蓑烟雨任平生”更是体现了苏东坡更高的人生境界。我们喜欢的那种松弛感其实就是一种在焦虑已成常态的当下，保有内心难得的从容状态，尽力而为，松弛之间从容应对，最终才能拥有轻盈的人生。

那句“允许一切发生”，大概是对松弛感最为恰当的诠释。

“前段时间，我就有这样的体会，我告诉自己工作就要全情投入，不跟别人比较，不纠缠当下的不顺，专注于当下真正该做的事情，我发现，一切开始变得顺利起来。工作起来更加游刃有余，成就感爆棚，不必在意指手画脚的同事。连老板也对我赞赏有加。”楠肯定地说。

“是啊，因为当你松弛了，不会显得特别锐利，过分苛责于人；更具包容性，不患得患失，也没有太多焦虑太多内耗，你所有的能量都集中在你最需要实现的价值上。”我对楠的观点表示赞同。

松弛感的前提，其实是拼尽全力。所有的松弛感，都是不松弛和努力才能换来的。那些看似轻松拥有松弛感的人，都是背后长期自律的坚持，健身，阅读，修炼气质。哪有什么毫不费力，都是背后拼尽全力。

“如果不学松弛背后的不松弛，那我们可能永远没法真正拥有松弛感。”我提出了问题。

“对，女人要走出松弛感的误区，要保持自在与自洽。松弛感不是不在乎一切，而是努力且坚持。”楠的观点一向精准到位。“在过程中拼尽全力，对结果要保持开放的心态。”我补充道。

生命不必每时每刻都要冲刺，低沉时，就当给自己放一个悠长的假期。学会拥有松弛感，与世界的变化和解，与自己的执念和解，不浪费心力纠缠，潇洒转身，继续轻松地迎接人生的下一站。对待工作如此，对待两性关系也该如此。

“是啊，得不到的那个他，就放下吧。不放下旧人，怎么能迎来新人？”楠若有所思点点头说。我知道，她前段时间深陷失恋无法自拔，寻找松弛感的状态也是寻找自我的过程，这一剂良药，足以弥合伤口，等待愈合。

人生漫长，有高潮有低谷，保有松弛感是一种生活态度，从容淡定地经历岁月洗礼仍保持开放随性的状态。不要太过忧虑，担心太多不会减轻明天的负荷，只会减少今天的快乐。人生是用来体验的，不是用来演绎完美的。

“你要相信，有些礼物，上天会绕个圈子给你。”我对楠说。

楠点点头，我们相视一笑。人生过半，对过去，对未来，都多了宽容和理解，有些人和事就像手里的沙，握不住，那就潇洒地扬了吧。把注意力多放在体验感而非结果上，舒展的人生，也会慢慢向你展开。

如何才能拥有松弛感呢？

1. 稳定情绪。

2. 保持热爱。

3. 坚持长期目标。

4. 做真实的自己。

5. 关注当下。

6. 训练钝感力。

7. 学会降低期待。

感受当下，感受人烟。

学会这些，你也可以做一个拥有松弛感的魅力女人。

去断！去舍！去离！

最近，我的一位女友搬了新家，大大小小的箱子打包了近百个，前前后后忙活了一个月，终于能喘口气坐下来享受岁月静好了。

“真累死我了，半条命差点交待进去……”此刻，我们正在她的新家观摩交流。一向能干的姑娘却因为这次搬家元气大伤，认识她十年，好像从没见过她因为什么事而认怂，这次搬家倒是她第一次缴械投降。

“打死我也不再搬家了，折腾死了。”她显然是被搬家折腾怕了。

我赶紧安慰她说：“你的新家真漂亮，累也值了！”

女友笑着点点头，“要不是我一直脑补各种新家的美好画面，我真是撑不住了，还好，过来了。”

其实，我很理解她的痛点，没搬过家的人也许并不觉得这有什么难的，不过是花钱雇人搬东西就全能搞定了，但其实，很多事还真是花钱解决不了的。

“你知道吗？我的书，打包了 70 箱，把它们一本本从书架上拿下来，擦灰，装箱，封箱，这个工作我就做了十天，每天都累得只能在床上直腰，身体硬得像僵尸。”女友向我抱怨。

“那还不是因为你的书太多了。”我看着她崭新的书柜投来羡慕的目光。

“真是搞不懂，自己为什么要买那么多书？很多我都没翻过呢。放在书架上都落了灰。”她指着那两面墙的新书柜，“你知道吗？把我这 70 箱书扛上楼，搬家的师傅又让我加了 200。”

我笑着打趣她：“加钱是应该的，你这些书可老沉了。知识就是力量。”

“我觉得其实很多东西真用不上。”她忽然认真地说，“这次搬家，我悟到一个道理。”

“断舍离！”我俩竟然异口同声，然后相视一笑。

多年前，就曾经知道“断舍离”这个理念，当时只当是日本文化的一种取舍之道，对于追求物质极大丰富的中国人来说，似乎并不适用。但是这么多年过去了，中国人的物质生活也迈入了过剩的时代，细翻翻，光厨房里各种一年用不上几次的小家电有多少？衣柜里几乎没上身的新衣服有多少？更别说那些别人送的华而不实的礼物占满了你的箱柜……这些东西，我们真的需要吗？

“我这次真的做到了断舍离！”女友得意地说，“之前是知道，做不到，毕竟那些东西没坏还很新还能用，就是前脚偷偷丢掉，我妈也会后脚给捡回来。”这的确是同款老妈的所作所为，而且“败家子，不能浪费”，这样的唠叨还言犹在耳。

父母那一代是苦过的，连吃饭都成问题的年代，生活里的东西样样都是好物，房间里堆满各种东西，新三年旧三年缝缝补补又三年，心才会觉得踏实而安全，至少告诉自己，不能饿着了。而现在，家徒四壁成了潮流和品位，年轻人开始追求极简风。曾经像松鼠过冬一样，不辞辛苦地把一件件东西拖回洞里储存起来，保障家人过一个不会挨饿的冬天，那是一个家庭主妇会过日子的标配。而如今，一个女人的勤俭持家改朝换代成要把日子过成诗和远方，既然是诗和远方，就不能太满不能太堵，那种游刃有余的松弛感、不紧张的疏离感、不在意的拥有感，仿佛才是对生活更高级的理解和解读。

“你知道吗？别的不说，就我那些衣服你猜有多少？”女友做着夸张的表情，她用手比画着动作，“堆在地上，一座大山！”我吐了吐舌头，伸手点个赞。“很多还是新的，连吊牌都没摘，最后都送人了，我怎么会买那么多？压在柜子底下，都不记得了。”她连连摇头。

在动动手指就能一键购物的时代，我们买东西实在太方便了。根本不用亲自去一趟，逛半天，选来选去，你只要打开网页，比较一下同类商品，看看买家的评论，就能决定是否下单，然后在家坐等快递包裹上门。购买东西的速度远比淘汰东西快得多，拥有一件东西的成本在降低，再不用攒个几年钱买个大件。我们的父母需要攒几年的工资才能买冰箱彩电洗衣机，而我们动动手指分分钟就能搞定。所以东西坏了，父母们舍不得丢，修修还能用；而我们，东西还没等坏掉，就会有新产品取代它，家里的东西自然越堆越多。

“不搬一次家，真是不知道自己有多少东西。”女友感慨道，“我觉得我应该检讨自己了，浪费了许多钱，买了很多其实用不上的东西，还给空间添了堵。”这点，我是赞同的。“是啊，所以平时我们就该定期断舍离！”

“断舍离”并非只是扔东西那么简单，也不是浪费东西，这应该是一种生活态度。日常不过度消费，控制自己的购买欲望，减轻生活的负担，同时也给自己的心做一次梳理整顿，轻装上阵才能走得更远啊。

“只要我一扔东西，我老公就会说我败家，平时总买，没怎么用就扔，不会过日子啊。”女友跟我抱怨，“不扔就送人，送不出去，我就只能堆在家，其实也是浪费。我老公就是我在断舍离路上的绊脚石。”我笑着说：“家家都有同款老公和同款爹妈。”

其实，“断舍离”并非让我们浪费东西，只知道扔不行，还得控制进，也就是说，平时我们不能让太多的东西无限制地填满我们的空间，房子堆满了东西，我们的心也会跟着装满了负担。

“可是，那些东西我都很喜欢啊，怎么能忍住不买啊？”女友一脸苦相，“女人不是要对自己狠一点吗？趁年轻不美不穿，还等啥时候啊？”这句话我可是经常听说，也许这是女人对青春的祭奠方式，岁月流逝不可避免摧残容颜，但是我们可以用各种好物留住青春的自己，就算留不住青春的自己，也留下东西了。

“人到了一定年纪，是要懂得克制欲望的。克制并非为难自己，而是一种让自己幸福的方式。”我对她说，“‘包’治百病，但那也只是一瞬间，限量版的爱马仕也并非能带给你无限的愉悦。”

说到底，物质都是身外之物，真正幸福的内核来源于内心的自我接纳与成长。“断舍离”可以给我们的内心做一个大扫除，去掉多余的繁杂，留下简单的美好。

“下次如果你想买什么东西的时候，可以和自己约定好，必须先清理掉一个同等价值的东西，让生活里的价值物品控制在一定数量之内，这样做，也许可以帮你控制自己无穷的占有欲。”我对女友说了这个办法。

她点点头，笑着说：“可以试试，毕竟我再不想经历这么痛苦的搬家过程。”“物为人所用，不为物所累。”我说。

去断！去舍！去离！物如此，人也如此。

学会做减法，那些不必要的物品、没无营养的关系、无价值的杂念其实都该被我们舍弃。你信不信，坐在崭新宽敞的新家，你的心情也将变得豁然开朗。

40+ 人生才刚刚开始

一位认识多年的女友 J 过生日。40+ 的年纪对于女人来说，生日多少有点扎心，提醒你，又长一岁，岁月可真是不饶人，脸上的皱纹和隐隐约约的白发都在时不时地提醒你说：老了！然而，老是老，我们又何曾饶过岁月呢？

从学生时代到中年，我和女友 J 可以说是一路看着对方成长起来的，我们都是做事认真的人，都文艺且不服输，性格有相似之处，且彼此欣赏。年轻时都太要强没有太多的亲密无间，反倒是人至中年，大家都松弛下来，更加能懂得彼此了。

J 绝对是从小好看到大的美女，一路都很优秀，学习好，人漂亮，从小就是学校的文艺骨干。算起来，她比我年长两岁，在我印象中，她就是那种别人家的孩子，耀眼而优秀，像一颗高悬在天空最闪亮的星。很多人觉得她不会有烦恼，她一定很幸福。然而，我知道她的不易。每个看似成功的女人，内心中都会隐藏着无奈和痛苦，只是冷暖自知而已，只是不说而已。这没什么不好，这世上本就没有完美，任何人都有裂缝，那是光照进来的地方，而女人的一生就是在和这些裂缝和解，学会接纳，学会欣赏，学会享受。这是一种完善的过程，沉淀和积累会让我们成为更强大的自我。

因为身处异地，每年J的生日，我们都会在微信上浅聊几句，今年她的生日，我照例送上生日祝福。我们聊起感情。J说："人这一生遇到了解，遇到灵魂的碰撞，是可遇不可求的事，但自我的自由、成长、丰富的感受比迁就磨合更有价值，这是我四十之后的体会。"的确，人越了解自己越成长，对情感的需求越难达成所愿。然而，我们都极其认同地觉得，四十以后很好！女人过了四十，没那么紧了，也不那么较真了，整个人都松弛下来，松弛是生命最好的状态，对人对事也更宽容更接纳了，和自己和解，也和周遭和解。这些都是年龄和经历带来的财富，时间对任何人都是公平的，不可逾越。我们都很感恩时间，至少没有因为年龄老去而难堪和鄙视自己，知足了。生命中来来往往的人和事本就是常态，过了四十，我们能接受任何人的离开，也能张开怀抱迎接任何人的到来，这种自信和豁达就是生命的馈赠。

几天前，和几位女友一起小聚。我们在女友郊外的小别墅度周末，似乎女人就喜欢这种聊天似的聚会，没什么特殊的主题，就是闲聊，有咖啡、甜点、鲜花足矣。倾诉和倾听就是主题，无解是常态。每个女人在不同年纪遇到的困惑都不同，有不敢恋爱的妹妹，也有单身十年的单亲妈妈，有从校园到婚纱的传奇，也有相亲认识彼此却出奇合拍的奇迹，生活的样本就是这么丰富多彩，永远比电视剧编得更精彩。幸福的生活都是相似的，但女人各有各的不幸。不敢恋爱的妹妹很苦恼如何分辨渣男和好男人，单身妈妈的困惑在于如何接纳一个男人进入自己的生活，从校园到婚纱努力在柴米油盐的琐碎中坚守自己的诗和远方，相亲走到一起的也在思考如何让自己更独立而有价值……

女人们聚在一起聊的话题很杂，聊艺术，聊人生，聊情感，也聊八卦……以前我总觉得这种闲聊太耽误时间，应该做点更有意义的事，但人过中年，我开始发现，生活里这些无意义的事恰恰最珍贵。看洪晃写《无目的的美好生活》让我很受启发，现代人大多都太注重目的性，我们太注重结果，没有结果的事，很多人大抵是不会去做的，然而往往就是那些看起来毫无目的的事情带给我们的收获更多，可能无关金钱和升迁，但却是最珍贵的信任、温暖、陪伴和疗愈。实用性之外的讲究，也就是无用的讲究，正是潇洒的本质。

一位日本作家写道："人家说，在江户，真正的恋爱得等到四十岁以后。"年轻时我还不理解，过了四十岁，我才开始真正读懂这句话的含义。女人四十恰恰是生命成熟得刚刚好的时候，不急不躁，不骄不忙，对自我的认知和生命的理解都走到了一个恰到好处的年纪，自然而然，对情感有更圆融的态度。一方面更了解自己，知道自己喜欢什么，想要什么，不能接受什么，害怕什么；另一方面更了解人性，知道人性的弱点，不强求什么，不捆绑什么，不拒绝什么，也不过度需求什么。一切的一切都是最自然而从容的状态，这样的女人才更能体会情感的丰富性，也更了解两性之间该如何相处才会使彼此更舒适。这些非得等过了四十才能领略，这是时间的力量，任何人无法逾越，不是年轻能够做到的。年轻时的我们装得高冷、装得不在意、装得很大度，但只有自己知道内心有多不安、多紧张、多痛苦。过了四十，这一切都神奇地被治愈了，以前伤害你的不能再伤害你，以前折磨你的也不能再让你痛，以前不理解的也能接受了……女人就是这样不断地自我修炼，不断地撕裂又结疤，不断地涅槃与重生，这就是成长的过程。

一转眼，身边的女友们大多过了四十岁，邀请我们参加的婚礼越来越少了，每天的日常琐碎，无非是孩子哭了笑了，学习进步了还是挨削了；还在婚姻中的一地鸡毛，已经走出围城的还在寻觅。父母的年纪不可避免地老了，身体健康还不需要照顾就是最大的福气。仿佛，过了四十岁，女人已无暇自顾，需要我们承担的东西越来越多，如果你觉得自己就要撑不住了，可以喘口气，即便没有躺平的资本，也可以让自己的心缓缓，休息好了才能让温暖和力量重新回流。

四十不易，我们要找到一种方式自愈，很多时候别人其实无能为力，唯有自己才能渡自己。别说为了男人活为了孩子活，我们要为自己活，人生的意义在于自我价值的体现，只有把自己活好了，孩子才能好，父母才能好，伴侣才能好。我不是在说冠冕堂皇的话，内卷和焦虑只能让自己的生活更难堪，梳理好一切，控制好情绪，才能对抗生活的磨难。

40+ 的人生才刚刚开始，生命正是最美好的时候。我们要用最舒展的状态去拥抱这一切，坏的，不如意的，糟糕的，一切的一切，都不是坏事。来自内心的强大才是让我们更幸福的力量。

相信“相信的力量”

中国人送祝福的时候喜欢说：心想事成。

然而，有多少人真的可以做到心想事成？

女友佳，大龄，单身，她一直渴望能拥有一段高质量的亲密关系。

“不是玩玩那种，是长择，是灵魂相伴的……”每次见到佳，她都会很清晰地讲出自己理想伴侣的样子，而她的要求也从未改变过，即便很多人劝她，年纪不小了，降低标准吧，但是佳始终如一，初心不改。这一点，我倒是很佩服她，毕竟在这个诱惑太多的时代，能始终坚持自己的标准属实不容易，很多时候，我们都容易受某人某事的影响，偏离了自己的初心和轨道。而佳不会，她就像出厂设置十分严格的精密机器，只钟情于理想中的一切。

问题是，佳真能如愿吗？

多少人等着看她孤独终老，而佳从未放弃。

有一天，我们坐在星巴克闲聊，从那扇落地窗望去，午餐时分，外面的台阶上，形形色色来来往往很多人，我俩忽然都不出声，很有默契地看着来往的人们，有情侣有单身狗，有男有女，有老人有孩子，每个人脸上的表情都不同，但看不出幸福与否。

“你说，这些人里有多少人是如愿以偿的？”佳忽然问了我一句。

我答不上来，是否如愿，这要看当事人的情况，我怎么会知道。

“我猜，没多少能如愿的，人嘛，都是贪心不足蛇吞象。”看我没说话，佳又接着说。

“嗯，遇事喜欢抱怨，并不会往好处想，这是人性使然吧。”我看着她，点点头。

佳一脸神秘地凑过来说：“我告诉你一个秘密，可以让你心想事成。”

看着她一脸的故作神秘，我开玩笑地怼她：“你中邪了，还是吃错药了？一把年纪了，还相信神鬼那些玄学？”

佳一听这话，故意翻着白眼，伸出舌头，晃了晃头说：“我就是鬼，你信不信我？”说完，哈哈大笑起来。我就喜欢看她这个样子，一副没心没肺的样子，再难的事，她总能自嘲且自洽。用她的话说，还能怎样？没点硬功夫怎么在江湖上混得风生水起？是啊，眼前这个漂亮女人，有车有房有存款，除了没男人没孩子，一切都很美好。当然，男人和孩子是她自己不想要的，否则的话，这实在算不上什么 BUG。

“说正经的，我最近看了一本书，这本书里讲了一个远古的秘密，如何让人心想事成，你别说，我照着做了。”说到这儿，佳故意压低声音说，“真灵了！你说吓不吓人？”

看着她一脸认真的样子，我有点好奇了，倒是想听她说说，这是个什么玄妙的秘密。

“我跟你说，我最近遇到一个男的，不错，而且是我心中理想类型的……”佳有点害羞地说。

“大姐，你这思维模式也太跳跃了，我等着你说那个神秘的秘密呢，谁有工夫关心你的理想型？”我有点不耐烦地笑着说。“别急啊，我要说的秘密就是这个，你听着……”佳往我的眼前凑了凑，手里的咖啡差点洒出来。

“那个男的吧，是我参加一个朋友聚会认识的。你说巧不巧，他就坐在我身边。我们一聊天才知道，他居然和我住同一个小区。还有，我们都养了一只柯基……”佳开始喋喋不休地说开了。我知道，她一旦进入这种状态，就无法停下来，因为每次和她见面，她都会向我汇报近期遇到的优质男，什么条件，什么长相，什么性格，可是过一段时间，往往就没下文了，我们朋友都已经习以为常了，这就是大龄单身女性综合征，大家断言，佳也许注定要把单身进行到底了。

十分钟过去了，我听佳讲完了对方的身世以及他们之间是如何有默契的，如数家珍的结果是，我连对方的三围数据都已经掌握了。“很好，那么，你说的那个秘密究竟是什么？”我强忍着耐性微笑着问佳。

“你看，你可太着急了，我这不就说到了嘛。”佳笑呵呵地接着说，“以前，我总说要找个什么样的男人，脑海里的条件和画面十分清晰，但是总也遇不到那么符合的，这次不一样，这个男人和我的理想型简直是百分之九十九的接近，这可太神奇了。”说到这儿，佳那对漂亮的杏眼就差冒出两颗红色的桃心了，难道这就是传说中的恋爱脑？唉，她无可救药了。

佳看我已无力反抗，靠在星巴克的沙发上，直喘气，她知道我的电量已不足了，又给我续了一杯咖啡，笑嘻嘻地接着说：“你知道吗，这个男人是我想来的。”“大姐，你都这么走火入魔了？”我一脸生无可恋的样子。“是真的，我不是说我看了一本书吗，这本书告诉我，只要你向宇宙下订单，并且真诚地相信，而且已经开始享受如愿以偿的一切，乐在其中，你就真的可以心想事成。”我听得一头雾水，一脸迷茫，一懵再懵。

“我以前一直相信我一定会遇到一个理想的伴侣，我从不怀疑，这一点我觉得我做到了，我向宇宙下订单了。但是为什么这么多年，宇宙就没搭理我呢？”佳继续解释，“我看了这本书后，才发现，光下订单还不行，你得按照自己想象的去做。比如，我调整了我家里的布局，把衣帽间里的衣服整理了一下，腾出一个空间给我的那个男人预留，喝水的杯子我也成对买；以前睡觉，一张床我四仰八叉地睡中间，现在我睡一边，另一边空出来给他……”佳说得眉飞色舞，“这么做的目的，就是让我自己相信，我已经和我心里想的那个男人在一起生活了。”我听佳说完，伸手摸了摸佳的额头，“大姐，你不是走火入魔了吧？想男人想疯了？”佳笑着推开我的手说：“我可没疯，放心吧。一开始我也觉得不靠谱，但是后来，我真这么做了，你猜怎么着？一个月前，我真遇到那个他了，你说神奇不神奇？”佳开心地点着头。

看着佳一脸的喜悦，我实在不忍心再泼冷水了，权当这是一个大龄单身女性的白日梦，至少她自己乐在其中，无害他人，有何不可呢？

匆匆告别了佳，我迫不及待回到家，找到了佳说的那本书。它就放在我书架的最顶层，至少有十年了，我从未曾留意过它，也未曾看过。对于这种有些玄幻的书，我有点莫名地抵触，因为人总是相信自己看到的事物，对于无法掌控又无从了解的事物，往往心存忌惮。但这次，因为佳的亲身经历，我打算好好看看。

小册子很薄，字数也很少，一晚上的时间我就看完了。这本书教人们如何运用这个秘密让自己的人生更幸福，包括财富、健康、人际关系等方面。合上书，看着它的封面上写着“了解了这个秘密，就没有做不到的事，不论你是谁，你想要什么，这个秘密都能给你”，这话的确很有煽动性，毕竟人人都想心想事成。

我还没有按照书上的做法像佳一样去实际操作过，还没有说服力。但是至少有一点我是认同的，那就是人心向善向好，不管遇到什么事什么人，我们都抱着感恩的善念，往好处想，那么事情就会往好的方向发展。相反，如果我们一直抱怨质疑怀疑怨恨，那么事情就会越来越糟糕。其实，这个秘密法则并不玄妙，也不是什么神鬼之说。这个秘密能为你做的事，是打开自己的内心，相信，相信的力量，从内心到行动都乐在其中。如果我们真正做到这些，那么其实好运和幸福的确会自然而然地到来。理论上这是说得通的，只是生活中，我们普通人并非人人都能做到。比如，你很难控制自己的坏情绪，但是下一次，当你意识到自己的感觉很糟糕的时候，可以对自己说一句：宇宙，刚才不算数，我重新下订单，我想要的是……心之所向，相由心生，必然心想事成。

三个月后，我和佳再次约在星巴克喝咖啡，她递给我一个精美的卡片，我打开一看，是婚礼邀请函。“哇塞，你要结婚了？”我开心地大叫起来，“真不敢相信，我们的单身大女主终于要嫁人了！”佳坐在我对面，快乐地点点头，“我猜猜，究竟是哪个幸运的小伙子？”

“你知道的！”佳神秘地一笑。“哦？是那个秘密男？”佳又是快乐地点点头。

看来，老祖宗说得对，绝知此事要躬行。

相信，相信的力量！

“现在，你也知道这个秘密啦！”

先祝你，心想事成！

除了焦虑，人生还有很多事

你焦虑吗?

如果对这个问题你的回答是否定的，那么恭喜你，在大多数人看来，你似乎并不“上进”!

不知何时，焦虑和上进似乎画上了等号，不焦虑约等于不上进！至少你身边的很多人都是这么做的。

如果朋友聚会时，你没有在一群房子车子孩子的话题中杀出一条血路，以绝杀的姿态完胜，那么我敢打赌，你回到家的那个深夜一定焦虑无比；看到自己的老公日渐后移的发际线和突出脚面的肚腩，一定会挑剔地在明面上或内心深处毫不留情地指出：“你看看人家老公……”回头再看看自家的娃几道简单的算术题还要掰手指头的时候，说不定会瞬间爆发，甚至无名火攻心似的呐喊：“你看看人家的孩子……”

焦虑最可怕之处是可以传染的……

前几天，一位孩子妈妈跟我抱怨她的儿子十以内加减法怎么还算不明白，她深感焦虑，并且试图把这种焦虑传染给我。

我笑着说：“别担心，十以内加减法早晚都能会，慢慢来。”

她愣愣地瞅着我说：“你心可真大，他们班的小朋友都已经学会二十以内的加减法了，再这么下去，上了小学，我儿子怎么能跟上啊？怎么一点不像我呢？”

我逗她：“科学家研究表明，儿子的智商百分之百遗传自妈妈，和爸爸无关。”那位妈妈更焦虑了，“我这么聪明，他怎么这么笨啊？”

我想尽快结束这个话题了，因为再聊下去，真的无休无止啊。我说：“你大可不必焦虑，你这么聪明，你儿子也不可能笨啊，给他时间吧。”

这样焦虑的父母其实不是少数，成年人往往把自己的焦虑转移到孩子身上，而很少问问自己，我们该如何平复焦虑的心情？

我很理解，现代人的焦虑不可避免地来自生活的压力，来自身边参照物的标准。毕竟谁也不是不食人间烟火的小仙女，谁也不能屏蔽他人，物质条件的好坏很大程度上决定了我们的生活标准，谁都希望过上好日子。所以，我们太习惯“你追我赶争第一”的节奏。你看大家常议论的是，别人家住了多大的房子，别人家买了什么车，别人家的孩子考上了什么重点学校等等，似乎总有各种别人家的标准在左右着我们自己的目标，也在某种程度上影响了我们的幸福感知力。

我们也常听人说，走自己的路让别人说去，我不在乎别人过得如何，但是你会发现实际上你或多或少都在受到整个社会价值观的影响和左右，似乎不加入这个队伍你就不够上进。

不上进怎么行？会被淘汰的！

让孩子输在起跑线上怎么行？会让人家说做父母不负责的！

可是，真正淘汰我们的不是焦虑换来的看似上进，真正负责的父母也不是成天让孩子不停地学习专门盯在分数上。

这个世界拼的是软实力。什么是软实力？

我认识一位“不上进”的妈妈，她没有给孩子拼命报那些奥数外语课外补习班，而是让孩子在小学阶段尽可能地多学习音乐美术这些艺术课程，闲暇时间母女俩用来打卡各种美术馆、博物馆，日常的阅读书目也大多数是充满艺术感的书籍。

我曾经问她，难道是要孩子未来走艺术道路吗？毕竟现代人思考问题的方式常常是带有目的性的。她的回答让我很欣喜，她说："其实，我并没有想过让孩子一定成为艺术家，而是希望在她可以有时间支配的情况下，尽可能多地去体验和感知这个世界的美好，艺术对孩子的熏陶是受益终生的。"

她的观点，我深以为然，我也希望我的孩子尽可能地去做那些看起来无用的事，你会发现，这个世界上很多看似无用的事，恰恰是最有用的！而那些看似无用的东西，却可以缓解我们的焦虑，让我们暂时停下匆忙的脚步，去感知这个世界的细微美好之处。在我看来，这些经历，无论对于我们这些成年人，还是对于孩子，都无比重要。这才是软实力的体现，是让你能够感知幸福获得幸福的实力！

如果你正在看这篇文章，建议你停下来，喝杯咖啡，喘口气，扪心自问，我们是不是少了自我思考的能力和自我恒定的标准？我们太容易随波逐流，当他人的参照物标准提高了，我们自己的焦虑感就会随之加重，因为随之而来的必然是目标没有达成的内耗。

其实，当你把参照物由他人换成自己，焦虑感也许就会随之下降，至少你会稍微获得一点幸福感。因为这份幸福感来自突破自我的成长，而不是来自参照他人的标准。我们忘记了，其实给孩子最好的，并非是大房子、好车、好条件，而是教给他们思考的能力、感知幸福的能力。

如果一个孩子是看电子产品长大的，那么他的自我思考的能力是受到阉割的，因为电子产品的传播方式是灌输式的。比如，你看一个视频或者动画片，演什么看什么，说什么听什么，大脑思考的时间都被紧张的情节挤掉了。但是读书不一样，我们的眼睛要先看到文字，然后反馈到大脑，思考理解后，才能看下一行，这个简单的生理过程其实是让我们的大脑获得了思考的时间。长此以往，我们会培养出自己思考的能力，进一步就是感知幸福的能力。

如果你正在焦虑，那么不如平静下来，每天抽点时间，做一些无用的事。看一朵花的盛开，闻一闻芳草的清香，或者去一家喜欢的咖啡店发呆消磨一小段时光。别去担忧什么浪费时间，因为这点小小的浪费会让你得以喘息，得以快乐，得以放缓步调。

当然，我更建议你每天能抽出点时间，和你的孩子一起读读课外书，哪怕只有十分钟。不是那种教你如何算题的工具书，而是关于文化艺术的熏陶。我们可以讨论一个书中的话题，共同培养思考的能力。渐渐地，我们都会放下焦虑，感知更多幸福。

摆烂一下又何妨

是不是还没反应过来，新的一年嗖地一下就来了，猝不及防？

是的，该来的挡也挡不住，时间总是毫无顾忌地一往无前。

整个一月，人人都在忙着辞旧迎新，迎来送往，尽管也许这并非如你所愿。其实，时间卡点刚刚好，至少给我们一个机会，审视自己，补强短板。新的一年，要更好，要更强，要更精彩。

生活的仪式感是自己给的，生活的幸福感也是自己给的。

那些焦虑和沮丧偶尔还是会不可避免地袭击你，但是一个成熟的大人已经学会如何潇洒地应对了。尽管还有些不擅长和不情愿，但是在一次次的自我折磨和更新中，我们才会变得更加强大，无坚不摧。这话是说给此刻正处于低谷的你，也是说给我自己的。我们共勉吧。

几个朋友来家里小聚，我喜欢这样的时光。生命中，有几个可以说说话的好友是多么可贵！尤其是人到中年，身边的小伙伴渐渐被一地鸡毛打磨得走了样子，那些经历过世事还能留在你身边说说话的人，都显得更加珍贵了。女性的倾诉欲和分享欲恰恰证明了这一点，包不一定治百病，但是闺蜜可以。

文姐和老公离婚了，结束这段 20 年的婚姻真的需要莫大的勇气。说什么七年之痒，都二十年了，本以为早就不痒了，没想到也没逃过大数据。离婚率持续走高是有原因的。专家分析说，是因为现代女性越发独立，有赚钱的能力，也有独立思考的能力，上班带娃两不误，索性就不将就了，姑奶奶不伺候了，自己一个人潇洒难道不香吗？瞧瞧，就连离婚率升高这种社会问题的原因都算到女性头上了，难道女性的另一半就可以因此轻松地把责任推卸干净吗？

讨论这些问题的时候，文姐是很严肃的。我们几个听众都比她年纪小点，已经 50+ 的文姐吃过的盐比我们都多，自然她最有发言权。不过，我们并不想把这场难得的聚会变成声讨男性的控诉会，毕竟具体问题具体分析，林子大了什么鸟都有，点子不好撞上个不长进的男人这个概率并不低。但是一竿子打翻一船人也并不客观，这可不是我们新时代独立女性的格局和胸怀。毕竟，我们还是要诚恳地帮扶那些落后的男人，而且还是要满怀希望给他们改过自新重新做人的机会。

这话是小楠说的，这丫头是我们几个里最语出惊人的，最不怕让人尴尬，她的名言是：反正我不尴尬，尴尬的就不是我。难怪她 30+ 至今未婚，男友倒是没断过。我真是很佩服这家伙的定力，过年的惯例家里催婚嘛不是？她因此连续三年过年都不回老家，年年自己到外地找个酒店过年。我们问她不孤独吗，小楠说："寂寞是有的，但是并不孤独。要是真找个没话说的还要死绑在一起，那才是真正的孤独。"瞧瞧，这就是新时代女性吧，够绝，灭绝师太本尊啊，我相信小楠凭一己之力绝对为都市女性不婚大数据贡献了强有力的力量。当我们拖家带口鸡飞狗跳的时候，想起小楠一个人的潇洒，闺蜜们都只有羡慕的份儿。

这个年，文姐第一次一个人过，还好，她在外地念大学的女儿会回来陪她。现在的 00 后对父母离婚这种事已经没什么大惊小怪了，00 后、10 后在感情层面的成熟度有点超乎我的想象，慧慧的女儿就让我见识到了 10

后的早熟。慧慧的女儿读小学六年级了，这个小姑娘的个子已经和成年人一样高了，尽管一看小脸还是嫩得能掐出水，但是和你说起话来已经是个小大人了。我还是很避免和孩子说起父母离婚这种事的，毕竟在我看来对孩子是种伤害，能不提就不提。可是没想到，慧慧的女儿主动跟我提起这件事，在她看来，父母分开没啥大不了，她只是觉得父母不在一起生活而已，对于她自己的生活没什么影响，她也不会觉得自己和同龄人有什么不同。慧慧说，离婚这件事，她很认真地和女儿聊过，女儿能够理解父母的做法。也许这也是社会进步的体现吧，不再遮遮掩掩，可以大大方方去探讨和交流，不管是对父母还是对孩子都是最好的安排吧。

在我家聚会的时候，慧慧总会把女儿带着，她希望这个小女孩可以多参与我们成年女人的话题讨论。好几次我都觉得，某些话题会不会让孩子知道得有点早？但是每次慧慧的女儿都会时不时地给出她自己的观点，让我惊叹的是，这小家伙的观点真的没跑偏，三观依然在正道上。但我想也许做妈妈的都希望自己的女儿能晚熟一点吧，多享受一下被人呵护的傻白甜时光，毕竟长大以后的成熟多半是残酷而现实的，人生注定要学会一个人努力奔跑。

看着身边这些好友，我突然发现，生活给了我们无数个样本，每个女人有每个女人的生活，努力着各自精彩，也会有摆烂躺平的时候，可是那又何妨？那就趴一会儿呗！

刚离婚时的文姐就是摆烂的状态，她不想和任何人说话，甚至害怕对方关切地问起她的隐私，更受不了有人用可怜的目光看她，仿佛她已经是一个注定孤独终老的孤寡老人。那时，她只想在地上趴着，什么也不想干，谁也别想把她从沼泽里拽起来。有的朋友不解，这么一个要强的女人怎么会如此摆烂？但在我看来，摆烂一下又何妨？谁规定人生总要拼搏向上？累了，烦了，倦了，就想趴着怎么了？摆烂也是给自己的按摩。舒服真不如躺着。

小楠和慧慧也都有摆烂的时候，我也一样。人生是个螺旋上升的状态，不可能是直线暴强，问题是，我们清楚地知道，我不会永远摆烂，我终究会补强短板，坚强地再次站起来。那时我将无坚不摧，打拼事业，遇见爱人，安排生活，陪伴孩子……向着阳光去努力奔跑。

新的一年已经在脚下展开了，给自己卸下包袱，轻装上阵吧。最美的风景不一定都在顶峰，半山腰也有半山腰的美景，走累了就坐下来歇歇，看看半山腰的景儿，喝口水，吹吹风，积攒力量。我知道，歇够了，你依然会背起行囊继续向前走。

那就让我们潇潇洒洒地再走一程！哪怕经历风雨，只要彩虹在我们心中。

人艰不拆

年前，见到李雪琴，我们一起聊了一个扎心的话题：过年被催婚怎么破？雪琴这个年纪的姑娘，正是适婚年龄，赶上过年，七大姑八大姨必定紧追不放。不过，雪琴说，她妈妈还真不这样，特别理解孩子。可是，面对大多数被催婚的适婚男女青年，这个直击灵魂的难题该如何破解呢？

李雪琴给了我另一个侧面的解释，她说：其实，长辈们问你这个问题的时候，也许并不在意你的答案，而是他们实在没啥跟你唠的，大过年的，总得找点嗑吧。

我会心一笑，真说到点上了。遥想当年，我小时候也不喜欢大人问考了多少分，排第几名，总觉得这问题很不好回答，怪尴尬的。再说了，大过年的，问这么扎心的问题多残忍啊。也许很多大人小时候都会有这种感觉，可是长大后不知不觉变成了自己小时候讨厌的大人。过年，看见亲戚的小孩，也会随嘴问一句“考多少分啊？”为啥？实在没啥唠的。

东北人拜年，绝对不能空手，而且还得给孩子红包，一进门就能听见贼热情的话：“来就来呗，还买东西干啥？”如果家里有小孩，紧接着就是规定动作，给红包，与此同时，必须跟一句：“别撕吧，给孩子的……”透着满满的诚意。孩子接过红包，小脸一笑，说声谢谢。一般情况下，会出现一个比较尴尬的空白，这个时候大人就会自然而然、不假思索、天经地义地问一句：“学习咋样啊？考多少分啊？第几名啊？”有点没话找话的寒暄。可是孩子幼小的心灵哪经得住如此摧残呢？考得好的还能接住，考得不好的，紧接着就能把爹妈的火挑起来，“平时贪玩，不好好学习，你瞅考的这样。赶紧学习去，寒假作业做完了吗？去去去。”完了，到这儿，和谐的氛围基本上就被完美地破坏了，孩子一般都会没趣地钻进自己房间，心里阴影面积估计贼大。要点压岁钱，太难了！

排除没话找话，细想想，“考多少分”这个问话，似乎也没错，作为长辈关心孩子的学习也是好心，可是这话透着功利性，好像分不高、名次不好，这孩子就没出息了。长大后的我，仔细思考了这个问题，我们能不能把这种没话找话似的长辈关心换种更和谐的方式表达呢？比如“长多高了？这一年有啥高兴事啊？”总之就是那种能让对方高兴又能发挥的问题，这多和谐啊，是不？

如果说，“考多少分？”是孩子最讨厌被问到的问题，那么，“啥时候结婚？”就是对年轻人的灵魂暴击。再加上一句补刀的问题：赚多少钱啊？妈呀，遇上这样的长辈，你是不是立刻想遁地？实在不行就打个岔，“妈，我饿了”，估计也不一定好使，也许你妈会帮腔：“都这么大了还没对象，你吃得下去吗？”完了，巴比Q了吧。

要我说，遇到这样的问题，咱就来个以其人之道还治其人之身。

我记得之前网上有个孩子写的作文挺火，作文题目叫《我的愿望》，是这么写的：马上过年了，请做个招人待见的叔叔阿姨，别逮着个小朋友就问考了多少分，在班里第几名。我们问你工资多少了吗，几套房了吗，换车了吗，要二胎了吗？

我认识的一位姑娘，过这个年二十九了，正好是“十分危险”的年纪，每年过年都被各种花式催婚，这都成了他们家过年的主旋律了。老爸老妈不仅自己主动催，还拉拢了家里的各路亲戚，甚至提前电话约好了，要给她点紧迫感。威逼利诱，各种套路都用上了。有主要负责批评的：你看看你，这都多大了，还不着急？再等两年，你就更嫁不出去了。有负责打感情牌的：你张姨都抱孙子了，你说说你妈我都这个岁数了，你不能让我看不到儿孙满堂吧？有对赌奖励的：你要是明年能领回个对象，看着没，我这财产都是你的。钱我都给你准备好了，直接进账！有简单粗暴的：你想找个啥样的，阿姨给你介绍介绍啊？我这可老多条件好的了，你看看不？明天就安排相亲！……看看，就这些套路，各个都有坑。总之，就是让你躲得过初一躲不过十五啊！

我说的这些你们是不是或多或少地都经历了？扎心了？烦死了？郁闷了？教你一招，被催婚的各位男女青年，咱可以反问对方："血压多少？""老伴用人伺候不？""养老金够花不？""孙子听话不？"这一连串套路问，想必会让对方落花流水，自己先闹心了吧？看看，谁都有闹心事，互相扎心，比谁扎得深，是不是没啥必要？

所以，还是那句老话说得到位：儿孙自有儿孙福。

各位过来人，真没必要为还没过来的人操心，因为人家未必想走你走过的路，就算是想走，还没走，咱也代替不了人家走，何必招人烦又强人所难呢？表达关心和爱的方式有很多，但是肯定不包括打着爱的名义干涉他人的自由。都什么年代了，如今的年轻人，更愿意享受自己选择的生活方式，哪怕这里面甘苦自知，但至少是自己的选择，总比被迫走上这条道自在得多，即便苦不堪言，也没啥后悔的不是？

最后，送各位四字锦囊：人艰不拆。这个网络用词翻译一下就是：每个人的人生都各有各的艰难不易，所以就不要拆穿了吧？这也是基于彼此的理解和尊重，放过彼此，才是幸福的前提。

反套路，你学会了吗？

不逼自己，怎么知道优秀?

常有粉丝留言问我：你是如何做到同时做很多事的?

其实，时间是最公平的，对每个人都是二十四小时，少睡点，自己支配的时间还能再多点。既然时间不偏心，那么就是时间的支配者如何利用时间的问题了。

也常有人问我：做这么多事，累不累?

累吗？我应该是乐在其中，否则的话，早就焦虑抑郁了。

回到最初的问题上来，要做很多事的前提是，不觉得累，并且快乐着。因为这些事是自己想做的，是自己尽力想做好的。如果不做这些事，闲极无聊才会郁闷致死。

乐在其中的基础上，再来探讨方法论。

其实，秘诀很简单，就是如何提高效率的问题。

记得上小学的时候，看过一道题，大概的意思是如果你要烧水泡茶，该怎么做效率最高？科学的方法是，先洗干净茶壶，装水，把水壶放在炉子上，点火烧水；利用烧水的时间去弄好茶叶，把茶叶放在杯子里，准备就绪，水烧开了，就可以泡茶了。这样做，没有浪费时间，效率最高。这道题让当时还是小学生的我印象深刻，那是我第一次知道什么是效率，怎么做效率最高。此后，做事情的时候，我都会在脑子里先想想怎么做效率能更高，久而久之养成了高效做事情的习惯。

长大后，我发现身边那些优秀的人往往都是时间管理大师，同样的时间，优秀的人往往可以更充分地利用时间。

我的一位女同学，是我们那届的辽宁省理科高考状元，到了清华也是年级第一，现在是美国一所著名大学的教授，前段时间还被评为全球 100 位年轻科学家。我们非常要好，初中就是同班同学，这个姑娘从小到大一直是别人家的孩子，一路学霸级别，就没得过第二名。我认真观察过她的学习方法，还真没有那种熬夜拼命刷题的题海战术，即便是高三，她每天也都十点就睡。很多人夸她聪明，智商高。的确，她肯定是个聪明孩子，然而在智商基础之上，我发现她最厉害的地方是效率奇高！比如，上初中的时候，英语老师留作业背诵英文课文，我这位学霸同学利用和爸爸坐公交车上学的路上就把课文背完了。高中时各科作业都不少，当我们磨磨蹭蹭的时候，她早已快速高效地完成了。而且，上课时，她绝对不会溜号，认真听老师讲的每一个字，没有任何开小差。基于此，她的作业完成效率也自然大大提高，这就是高效率铸就的好成绩。

再说一位我认识的学霸，已年过五十，我称大哥，北大和剑桥毕业的博士，在香港投行工作多年，还曾任香港上市公司总裁，可以说日理万机。然而，让我没想到的是，他利用业余时间创作诗歌，已经出版了几部诗集。更让我没想到的是，几年后，他又出版了几部历史与哲学著作，堪称真正的高效率典范。我向他请教是怎么做到的，他告诉我，这是他的生活方式。写诗歌是自我表达的一种方式，他乐在其中，常常工作完已经深夜，依然要伏案写诗，不写就睡不着。而出版那些历史和哲学著作是他看待世界的方式，把闲暇的碎片时间集合起来，认真思考和梳理进而去表达，也是自我成长的途径。看看，优秀的人都有相似之处，就是他们懂得如何去管理自己的时间，并且把它发挥到最大的价值。

说到这儿，有必要请出另一位优秀的姐姐，认识她多年，总是一副不食人间烟火的淡然模样，绝对是文艺范儿终身成就奖获得者。这位姐姐看起来很柔弱，长发披肩，说话不疾不徐，轻柔得很，然而如此轻柔的人却做出很多狠事。如果不是看到她写的几本书，我真无法想象，她竟然是一名资深驴友，而且是那种专门去别人没过去的地方，走别人没走过的路的那种。姐姐把她的旅行经历都写在了书里，一点不矫情，情怀满满。没错，这又是一位丰富自己人生的高效之人。

当你抱怨自己太忙没时间、太累没心情、太烦没感觉的时候，那些优秀的人只是在高效地规划，一点点地积累、一点点地做而已。可是一天两天、一月两月、三年五载过去了，你依然停留在原地抱怨，而那些优秀的人已经走得很远了，你已很难望其项背。

网上有很多时间管理的课程，教你如何管理自己的时间。只要分配合理，你会发现时间放慢了许多。如果你需要这些方法论，可以随时找来看。然而和方法相比，更重要的是，你决定开始这么做。常听人说，为什么要让自己那么累？有一句话做答案很合适，尽管它很俗套：我们没法决定生命的长度，但是可以决定它的宽度。同样的生命，荒废也好，丰富也好，决定权都在你自己。

这个世界没有不忙的人，只有不做的人；没有不累的人，只有不想的人。

停止你的抱怨，现在，开始做。

做自己的时间管理大师，去做那些年轻时没来得及做的事，哪怕只是个梦，也好过浮在空中，华而不实。去做那些你感兴趣的事，哪怕没什么成绩，也好过只用来喝多了吹牛。去做那些让你痛苦的事，健身，读书，学习课程……因为它们能使你进步。有句话怎么说来着？不逼自己一下，都不知道自己原来这么优秀！

焦虑症怎么治?

日历翻到最后一页的时候，你焦虑吗?

“这一年怎么过得这么快？”

听到这句话的时候，我正坐在咖啡店的落地窗前，看着窗外人来人往的情景发呆。此时，冬日的阳光正好洒在每一个行人的身上，在这座城市最繁华的 CBD，正午的冬日暖阳显得如此可贵，这也是我最享受的惬意时刻。不过，这短暂的美好被刚刚这句话一下子击中，毫无反击的能力，思绪瞬间回到残酷的现实中。

我循声望去，原来是邻桌的两个姑娘在交谈。

那个长发戴着圆眼镜的姑娘，一脸沮丧地嘟着嘴，我断定，先前的那句话一定是她说的，因为此刻，她的脸上写满了“丧”字，还是大写加粗的那种。她推了推圆眼镜，继续用哭丧的声音说：“我还有好多事都没做，这一年怎么就过去了呢？”她翻了翻漂亮的大眼睛，以示对时间的不满和抗议。

“可不，我还有 20 页 PPT 要交，年底了，老板照例发疯的时候到了，这周我真是天天加班，可是活儿好像一点没减少。”坐在圆眼镜姑娘对面的是一个梳着一刀切短发的姑娘，一身黑西装表明了她的职业态度，一看就精明能干。

“她是不是变态？”“圆眼镜”替一刀切打抱不平，“累死人不偿命啊？”

“给人打工啊！没办法。”“一刀切”无奈地摇摇头，“我现在只要收到老板的微信，身体就有过敏反应，最怕她又给我安排活儿了……”

“你可真能干！”“圆眼镜”佩服“一刀切”，“她给你安排那么多变态的活儿，你都能完成，能者多劳，下次她肯定还给你更多活儿，你就干吧，榨干你最后一滴血汗。”

对面的“一刀切”叹了口气，“我跟你说，每个月的月底和月初我都失眠，月底是怕完不成任务，月初是怕上司给不能完成的任务。这就像你拼了命，好不容易从游泳池的这头儿游到那头儿，只剩半条命刚爬上岸，被人一脚又给踹下去了，告诉你，重游！”

“圆眼镜”被“一刀切”逗笑了，笑得前仰后合。

“你还笑？每个月的那么几天，不仅有大姨妈，还有过敏起疹子。”“一刀切”一边说一边挠了挠手背，“我现在是压力大，免疫力低；工作量大，奖金低。”

“圆眼镜”不敢笑了，她认真地看着对面的“一刀切”，同情地点点头。

“原来我很羡慕你的，总有做不完的事，目标感那么强，不像我，好像每天都在混日子，一年到头回想起来，好像没干啥，时间就这么过去了。”“圆眼镜”低声说。

在旁边“偷听”的我在心里想：这俩姑娘，一个是内卷，一个是躺平。

内卷的“一刀切”反驳道：“我还羡慕你呢，单位那么清闲，没事还能逛逛街，吃吃饭，聚聚会，我这一年到头，累得跟驴似的，根本没时间享受生活。咱俩这咖啡约了有小半年了吧？”

“可是，你虽然忙，但是很充实啊。我有时候真觉得自己挺空虚的，没有价值感，虚度光阴说的就是我吧。”“圆眼镜”又扶了扶眼镜，表示不赞同。

两个人这时候都不说话了，很有默契地沉默着。

听她们交谈的我此时也有种莫名的焦虑感，内卷的焦虑，躺平的也焦虑，就连旁听的也焦虑了，看来焦虑真是会传染的。

她们的对话其实不是个例，最近我身边的几个朋友也都不约而同地抱怨过类似的问题。也许是年底了吧，又到了要交卷子的时候了，这一年成绩如何，卷子上立见分晓。内卷的，自然渴望交上一份满意的答卷，至少给自己辛苦一年一点点心理安慰，累得跟驴一样，多少也得有点成绩不是？躺平的呢？松散一年却也想在年底时盘算一下自己这一年都干了点啥事？毕竟心里还是羡慕那些拼命三郎的，汗水不见得都愿意付出，但出成绩的时候还是人人都想要的。这也许是人性使然，都看贼吃肉，不看贼挨打。其实，不管内卷的还是躺平的，年底这张卷子啥样关乎我们内心的安全感和价值感，甚至是幸福感。所以，年底也是焦虑症爆发的时候，毕竟时间刻度摆在那儿，一年一个计算标准，年年如此，半生也就很快过去了。

看看，在写这个话题的时候，我已经开始焦虑了，开始反思自己这一年做得怎么样？不能细想，一想就焦虑。其实，适度的焦虑不见得是坏事，可以让我们常常自省，反思自己哪里还可以做得更好，是鞭策也是自我成长。但是过度焦虑恐怕就影响舒适感甚至是心理健康了。严重的还会危及亲密关系，你的家人将成为那些坏情绪的垃圾桶。

如何和这该死的焦虑共处？平衡是我们一生都要修炼的课程。那就一起补补钙吧。

先从好好睡觉开始，睡前就别瞎想了，不要过度自省。想点美好的事，睡个美美的觉。可以设置固定焦虑的时间，不要压抑或者对抗它，每天就在这个固定时间去想它，使劲想，过后就不要再想。白天多晒太阳，简单却很管用。有空了在阳光下去散步，不要戴耳机。去公园、菜市场、花市逛逛，去看广场舞，去看小朋友滑轮滑，吸收烟火气，这是生活气的治愈。

在家看电影看书听音乐，看历史类书籍或者大自然的纪录片，效果和登上山顶感觉类似，自己啥啥都渺小，对当下情绪有舒缓作用。选一项自己感兴趣的运动，不要停，成为习惯，所有的汗水泪水都流给它，还你快乐心情。

不开心了，可以哭，大声哭，接纳自己的情绪，接纳自己的不完美，正确地表达自己的负面情绪。专注于手头上的每一件小事，积蓄能量，在做好每一件事上增加自己的成就感和安全感。意识到哪些事可以改变，哪些事不能改变，不要把时间精力浪费在不能改变的事情上。每天定一个小计划，简单而且容易完成才能坚持下去，比如洗澡。打扫屋子。整理东西，专注做一件事，你会发现没时间焦虑。

先动起来，再追求完美，否则会一直停留在想象或者害怕失败的借口中不行动。找到自己的节奏，可以慢慢往前走，但不要被别人的节奏带着走。如果你当下就处于困境或者低谷期，如果有兴趣爱好请发展一下，这能帮你稳定情绪治愈自己。

最后一点温馨提示：请减少不必要的社交，包括而且不限于手机静音，关闭不必要的推送，减少各类琐碎的浏览。

焦虑怎么治？如果有精力的话，做好手头上所有的事情，并且坚持下去。

允许万物穿过自己

时至六月，空气中有花香，树间多了鸟儿鸣唱，人间一下子热闹起来……

走在街上，整个人的心情都和天气一样变得明朗。

女人是最容易受到天气影响心情的生物。阴天，莫名丧；晴空万里，又一下子活泼起来。没有理由，有的只是借口，开心与不开心全凭随机，如同猜盲盒般莫测，这一点，恐怕足以让直男恐惧，天气和女人的心思同样无法准确预测。

女友小文正在热恋中。95 后谈恋爱有点不一样，没有 70 后、80 后那么认真而沉重，反倒多了些许轻松，他们更看重乐趣，两个人能不能一起组队打王者，玩剧本杀，远比有没有房子更重要。毕竟，95 后这一代人最不缺的就是房产，父母那一代为他们攒下了怕是不止一套房。物质有保障的基础上，95 后的年轻人更看重的是彼此是否情趣相通，是否有得聊，是否能玩到一起去，从而禁得住平淡而漫长的人生。

不管什么年纪的女人一旦谈起恋爱，总归是有内耗的，男朋友的一举一动一言一行都足以令女人不自觉地琢磨起来，也许这是女性天生敏感多疑的基因作祟。反正，不谈恋爱，智商在线，一谈恋爱，脑子就开始不灵光了。不同的是，小女生把内耗都写在脸上，熟女则善于隐藏罢了，内心波澜壮阔，表面云淡风轻。

网上各类情感博主都在奉劝女人不要恋爱脑，要像男人一样理智地去恋爱，这话就是瞎扯，能这么做的，要么是不爱，要么就不是女人。女人的天性就在于投入地去爱。其实，女人大可不必非要自己像男人一样理智，遇到真爱，怎么可能理智起来？爱，是用心谈的，根本不是用脑子来谈好吧？

全情投入，有什么不好？也许会伤痕累累，但是这些也是走向成熟的勋章啊。

小文很赞同我这个观点，她自己也是这么实践的。在她快三十年的人生中，几次恋爱都谈得轰轰烈烈，每一次开始和结束都问心无愧。全力去爱，也允许伤害，尽力了就离开。回过头来看，这一次次的全情恋爱也成全了今天的小文，终于找到了自己的 Mr right。我想起多年前那句歌词：“投入地爱一次，忘了自己……”

我也常听身边的年轻人议论，不敢爱、不想爱、不能爱，理由是没意思、怕受伤、没自信。理由也许有很多，但这就像那个因噎废食的成语故事，因为担心可能出现的坏结果而放弃了开始的机会，愚蠢而可笑。受伤了，谁都疼，但是积极的乐观主义者不管经历过什么伤害和困难，都会乐观地看待这个世界。小文说：“不仅如此，即便受伤，我也能乐观地看待爱。”这种勇气是我欣赏的优点，好了伤疤忘了疼是种本事，足以抵御生活的磨难，不仅收获爱情，她更能收获精彩的人生。

“失恋了，我也把自己喝得痛哭流涕。”小文，眼睛看着远处，幽幽地说，仿佛穿过记忆的长廊。我断定，此刻，她想起的不一定是前男友，而是曾经的自己。“不过，那都是很久以前的事了，谁小时候还没干过几件傻事啊？”回过神来，小文笑着自嘲。

大学的时候，小文是怎么过来的？前男友在宿舍前的小广场上点蜡烛求爱，抱着吉他唱情歌，鲜花礼物簇拥，那场面让整栋宿舍楼的姐妹们羡慕不已。可是热恋初期过后，随之而来的就是争吵，小文这段三年的初恋最终以前男友劈腿告终。那段时间，这姑娘天天以泪洗面，闭门不见人，闺蜜跑到她家把她从床上拖出来，发现她整个人瘦了十斤，都脱相了。看得出来，是真伤感，是在 KTV 唱歌也能把自己唱哭的那种无法言说的痛楚。

痛定思痛，伤口总会愈合。

大学毕业，工作后的小文仿佛长大了不少，先后谈过几个男朋友，有同单位的同事，有朋友介绍的 IT 男，也有自己在网上打游戏认识的队友。尽管每段恋情的时间都不长，但是每次最投入的一定是小文，这姑娘有种不长记性的健忘，当年那撕心裂肺的痛苦似乎已经被她抛在脑后了。闺蜜曾经心疼地数落她："拜托你下次长点心眼，别对人家那么真、那么好、那么投入，要不然，下次我可不把喝醉的你送回家了。"小文听了，只是嘿嘿地傻笑一下，但是我知道，下次她依然是那个投入得去爱的姑娘。小文傻吗？她说："不投入，干吗要爱？那不是浪费时间吗？"这个执拗的姑娘有股子狠劲，对感情，没那么多矫情，她也曾被伤到云南白药都不好使，但是这姑娘绝对不怂，下次恋爱依旧尽兴尽情尽力。

看着这样的小文，我常常想，她一定会获得幸福的，因为上天从不会抛弃一个如此执着而努力去爱的人。果不其然，现在的小文是令人羡慕的，下个月，她就要结婚了。我不敢说公主和王子结婚了就是美好故事的结局，但至少，这是个幸福的开头，而且，我笃定，这么敢爱敢恨的小文，即便在婚后漫长的岁月中遭遇磨难，她依然是那个缝好伤口再上战场的女战士，因为她的人生注定了这不放弃的底色。

那天，小文约我陪她去试穿婚纱。看着她穿着洁白的婚纱站在镜子前大笑的样子，我的心被治愈了。这笑容并非未经世事没心没肺的傻笑，而是历经伤痛后破茧成蝶的真笑，很美，不是吗？

"亲爱的，你真美！"我笑着对镜子里的小文说。小文回过头看着我，笑中有泪。

“我，允许，万物穿过自己。”小文淡淡地说。

这句话令我印象深刻，以一颗天真赤子之心去经历和感受，让自己在丰盈中生长。小文的情感之路便是如此，这姑娘的自愈能力和顽强的生命力让我赞叹。

梁永安说：真正能够生活幸福愉快的人，他能看到万物生长，能够体会万物有灵。这是一种包容的心态，豁得出去的状态。

在火热的生活里摸爬滚打，满眼皆是周围的人和世界，我们却常常看不到自己，使内心感到躁动不安，又缩手缩脚不敢去尝试，到头来，顾忌太多，算计太多，唯独对不起的是自己的心。所以，学着放过自己，学着让万物穿过自己。允许一切发生，多给自己纵身一跃、放手一搏的机会，既是自救的尝试，更是实践的身心体验。让万物穿过，才能成就此刻的自己。

豁得出去，纵身一跃，便是新生。

即便伤痕累累，那又如何？

《乱世佳人》这部电影最后的镜头还记得吗？白瑞德离开了，泪眼婆娑的斯嘉丽眼神伤感却充满希望地说：“Tomorrow is another day！”

上线吧，刘畊宏女孩！

“今天你刘畊宏了吗？”

最近，很多人见面寒暄都是这句话。如果你接不上这个梗，可就 OUT 了！

刘畊宏这个名字、健身直播、本草纲目毽子操……似乎成了很多人无法绕开的话题。

以前，你也许不知道刘畊宏是谁，但是现在这个名字几乎一夜之间走进公众视野，并迅速成为“顶流”。刘畊宏抖音账号从几百万粉丝，一路飙升到有 6000 多万人关注，仅用七天涨粉超过 2000 万，直播累计观看人次 5256.7 万。大数据显示，一条毽子操分解版短视频，播放量达到了惊人的 1.05 亿。

坐火箭一样的涨粉速度，以前只有刘德华和成龙能达到这个量级，而曾经名不见经传的刘畊宏却仿佛在一夜之间强势地快速爆火，他到底做了什么？

2022 年 3 月底，因疫情绝大部分人只能待在家里。刘畊宏和妻子王婉霏在上海的家里直播跳健身操，夫妻俩用周杰伦的歌曲《本草纲目》编曲的自创毽子操，迅速吸粉，加上全民健身的用户基础，于是爆火，一天上几个热搜。

于是乎，好像一瞬间，我们身边那些以往不曾运动的女孩们都成了“刘畊宏女孩”，每晚 7:30 跟着刘畊宏两口子健身已经成了很多人的生活方式。当然，也有运动基础不好的姑娘，踢到了手指，扭了腰，伤了膝盖……尽管刘畊宏多次在直播时跟大家强调动作怎么做才标准，要大家量力而行，但是依然有心急的速成派心有余力不足导致运动损伤。然而，这些都无法阻止大众健身的热潮。

其实，早些年，刘畊宏已经是“桃李满天下”，学生遍布演艺圈。他的私教课据说 10 万台币一节，帮助过周杰伦练出一身被怀疑是 PS 过的肌肉，彭于晏的完美身材也经过他手，吴京在拍摄《战狼》前特意向刘畊宏寻求指导。刘畊宏说，自己有很多种身份，但最愿意提起的，还是健身教练。他也说过，“健身改变人生”，更有眼尖的姑娘们已经注意到，刘畊宏的老婆已经肉眼可见地瘦了，这无疑是个最强的广告，让你看得见健身的效果，只要你开始运动，什么时候都不晚。

我本人也是刘畊宏女孩，已经健身七年，本草纲目跳五遍只是热个身。因为有基础，所以跟刘畊宏健身并不觉得辛苦。很多粉丝也会给我留言，为什么要健身？怎么才能坚持下去？其实，从我的个人体验来看，健身是让我们保持好状态的最有效方法，本人亲测，绝对有效。

过了四十岁，我的身体开始出现各种松弛，这种松弛是由内而外的。中年女性的心更松弛了，年轻时的执拗已经被阅历打磨得日渐从容，这种内心的从容感是好的，是我们喜欢的。然而，岁月是把双刃剑，我们的外在也同样在日复一日地松弛，皮肤和肌肉不再坚挺，肉眼可见的衰老，这是不好的、不受欢迎的。健身，恰恰可以让我们保持内心的松弛、外在的紧致，这绝对是两全其美的好方法！

2021 年中国的健身人群是 3 亿，居世界首位，这个数字在 2026 年有望达到 4.2 亿。大数据告诉我们，健身正在改变现代人的生活方式。

常年坚持健身的我，最大的收获在于自信。并非粉丝们说的“是不是因为你做主持人要保持外形才健身的？”“是不是你不吃东西要饿得瘦？”体重只是外在的体现，内在的自信才是女性保持好状态的基础！你想，今天这么难的训练我都坚持下来了，还有什么事能难倒我？有这样的心态，工作上会更自信更有力量，面对家人朋友处理人际关系也会更自信，大家会更喜欢自信的你，你的生活状态也会越来越好，这就是良性循环。这些，远比你每天小心翼翼地站在体重秤上计较长了几两肉重要得多！

中年女性的焦虑感多半来自青春的流逝，这是任何人都无法阻止的，日渐衰老就是我们必须要面对而且要接受的现实。虽然我们无法阻止衰老，但是我们要让自己活得漂亮！健身这件事绝对可以帮到你！

如果你看了这篇文章，打算开始健身了，那么我要恭喜你，因为你为了成为更好的自己已经开始迈出第一步了！接下来，就是坚持下去！不需要给自己太大压力，更不需要把目标定得你根本完不成，目标定得太高，容易打退堂鼓，毕竟马甲线不是一天练成的。你还可以不定期地给自己来个小小的奖励！比如，一段时间的健身任务你完成得很好，可以给自己买身漂亮的运动装，或者拍张美美的健身照发个朋友圈接受大家的赞美，这些小确幸都会让你更有动力坚持下去！一开始，也许你还需要咬牙，需要鼓励，需要自我催眠，但是相信我，长此以往，如果你每天都有那么一点小小的进步，那么健身会成为你不需要说服自己的习惯，有一天你也可以骄傲地“炫腹”，露出小蛮腰，穿上比基尼，接受别人无比羡慕的目光。当然最重要的是，自我享受这个变得更好的过程，内心的自信和踏实才是让我们幸福的根基。这种安全感是金钱无法替代的，也不是哪个男人可以替代的，那是来自我们女性内心的自我愉悦感和满足感！

自律才有自由，自律才更幸福！

上线吧，刘畊宏女孩！

旅行的意义究竟是什么？

疫情这三年，哪儿也没动，老实宅家，洗衣、做饭、看书、带娃……

这是不是你这几年的日常？

朋友聚会吐槽最多的就是，旅行彻底甭想了。按照这个趋势乐观估计，下一次出去旅行可以参加夕阳红老年团了。这么看，必须好好锻炼身体，确保到那时还能走得动。

曾经书里写的诗和远方，早已被油盐酱醋茶取代，那颗躁动的心最多也只能在午夜梦回时一想再想……身未动心已远，就是这个味儿。

我们想出去旅行，到底图的是啥？

在拥挤不堪的景区里拍拍照，回来一看，以为是合影，不仔细看人群中都找不到自己。美食也许是最有说服力的旅行单品，但是网购发达的今天，某宝上啥都有，一键下单，比你在当地买的便宜不少，还给送货到家。那么，就剩下带孩子出门的价值感了，毕竟孩子的成长期就那么几年，出去见世面关乎格局和未来。可是当你问孩子去过哪儿，他还记得吗？他多半会一脸懵地回答你，不记得了。这句话的杀伤力不亚于在爹妈的心上捅一刀子，我拿着积蓄，浑身是汗，跨过山和大海以及人山人海，就为了带你去看世界，你居然不记得了，天啊，我图啥啊？

有暑假大数据显示，超过六成的父母都带娃出游了。大人可以宅，孩子不能等，对爹妈来说，不能让孩子的学习输在起跑线上，也不能让孩子开眼界的权利被比下去，内卷已经自然而然地开启了。一开学，孩子们自己就会比较，暑假你去哪儿玩了？见到啥新鲜的事了？想想别人的娃眉飞色舞如数家珍，自己的娃只在附近的公园溜达了，这已经实打实地表明自己的娃没见过世面，这种感觉，叔能忍婶也不能忍。所以，若干要强的爹妈们顶着骄阳烈日，冒着疫情传播的风险，花着高价的住宿费，挤在人挨人的沙滩和一眼望不到头的山下，内心喋喋不休，只能默默安慰自己：为了孩子……忍了吧。

考虑再三，我也不得不成为暑假带娃出游家长团的一员。

紧紧抓住开学前的两周时间，把假期课程排了又挪，按图索骥，在国内各大城市中搜索，不是选热门的地方，而是首选没有疫情的地方；向单位报备签字后，才敢订酒店机票，忍着心痛，在涨价的各大酒店中选来选去……出发前的一天才搞定了全部这些琐碎事务。尽管只有四天的行程，但是操的心、费的劲、花的钱一点都不少。行啊，为了孩子……忍了吧。

其实，在孩子上小学前的每一年，我都会带他旅行一次，我们打卡过国内国外的很多地方，不过，那是疫情之前了，我们常有说走就走的旅行。上小学后，就一直赶上疫情，这三年，都是家里蹲，哪儿也没去。以至于，孩子指着课本上的天安门问我，我去过吗？我只好拿出最有力的证据——照片！看着照片给他讲，去过哪里。看着他一脸怀疑的样子，我也是欲辩无言，心里默念，说啥也要来一场说走就走的旅行。

飞机飞了一个多小时，我们就到了——青岛，这个不远的海滨城市。因为这里满足了孩子的所有需求：海边、挖沙、游泳，重要的是没有疫情，而且还不算累。那种需要长途跋涉的行程都被我 PASS 了，孩子玩重要，但是老命更重要。

我们去了青岛著名的海滨浴场金沙滩和栈桥。刚下车就被眼前密密麻麻的人给浇了一盆冷水，沙滩很大，沙子很细，但是人也真是很多……以至于想找个挖沙子的地方真是不容易呢，一不小心就挖到人了。我本着既来之则安之的心态，默默地陪着孩子在烈日下挖了一下午的沙子。看着他心满意足的工程，老母亲的内心也被各种欣慰填满了。行啊，为了孩子……

在崂山，还算让我觉得此行颇有收获。因为我们徒步三个小时爬到了山顶，一路上几次都想放弃了，看着他满身的汗水和湿湿的头发，我觉得这才是旅行的意义，至少让孩子知道“绝知此事要躬行”。人生的很多事都需要自己去付出努力，经历过痛苦的过程才能体会登到山顶的价值感。我们在半山腰气喘吁吁的时候，从山顶下来的一对母子给了我们很大的鼓励。那位妈妈看着我们母子狼狈地在半山腰想要放弃，她轻轻说了一句：“不远了，再坚持一下。”就是这句话给了我们一种继续前行的动力。

很多时候，当我们对前途一片迷茫，看不到头，甚至不堪到只想摆烂，有一个人轻轻的一句鼓励，也许就能让你有勇气坚持下去。这位妈妈的话，让我们母子决定不到山顶不罢休。当我们气喘吁吁地爬到山顶时，只看到了一个凉亭，其实并没有想象中无比惊艳的无限风光，这让我想起苏东坡临终给儿子写的那首著名的诗：“庐山烟雨浙江潮，未至千般恨不消。到得还来别无事，庐山烟雨浙江潮。”没得到的时候无比向往，真正得到了才发现不过如此。但是只有经历了这个过程才有权利评价好与不好，所有未完成的评价都是不切实际的，甚至只是借口而已。我在山顶对孩子说：“我们完成了这个小目标！我们终于到山顶了！”看着他脸上喜悦的表情，老母亲此时是真的无比愉悦。那些苦和累都忘了，行啊，为了孩子……

下山的时候，我们轻松了许多，遇到上山的游客坚持不下去的时候，我们也学着那位母子一样，告诉那些还在登山的人：“不远了！再坚持一下！”那些还在爬山的人听到我们的这句话，都和当初爬山的我们一样，眼睛里充满了希望，脚下也有了力量。这种给予他人鼓励的感觉真棒！

所以，旅行到底图啥？如果我们只是宅在家，在网上冲浪，即便是看到崂山的美景比我们亲自爬山要美一百倍，但是这个爬山的过程中所有的绝望和希望是绝对体会不到的，这个亲自体验的过程才是旅行的真正意义。我想，日后我的孩子也许会不记得这次的青岛之旅，但是我想他会记得这次旅行的收获，在他成长的道路上，说不定什么时候就会成为他的助推器。而至于我，更会珍藏这其中的过程和收获，充满电加满油，可以再满血拼一程。

也愿你能看到心中的“庐山烟雨浙江潮”！

种自己的花，爱自己的宇宙

和好友聊了一下午，尽管不常见面，但却给人治愈的温暖。

好友常年生活在外地，读书的时候，每年假期还能回沈阳见上几面，后来，我们各自成家生娃，工作的忙碌和生活的琐碎，让人自顾不暇，见面的机会就少了。但是老朋友就是这样，即便不常联络，每次见面却不需客套和寒暄，她懂你的欲言又止，你懂她的故作坚强，彼此治愈彼此温暖。

女人的友谊有时候就是这样，总是在彼此倾吐和倾听的过程中建立起信任和友善。生命中，有几个这样的好闺蜜，是何等的幸福？

年少时，闺蜜的陪伴也许仅限于一起逛街，一起 K 歌，一起吐槽男朋友，一起走过失恋的低谷。而年纪越大，闺蜜间可能越需要来自心灵的相通和安慰。

就像此刻，我的闺蜜远道而来，坐在我的对面，聊着这几年生活的变迁，那些来自孩子、家人、事业的中年焦虑感，还有自我不甘心放弃的执着感，以及对于未来的恐惧感和不安全感，全都淋漓尽致地展现出来。大概每个像我们这个年纪的中年女性都将会遇到这样的困惑和不安吧。

中年男人是靠喝酒和独处来解压的，而中年女人缓解焦虑的方式大概率会来自闺蜜的陪伴。所以，你会看到，越是年长的女性越需要闺蜜的陪伴。

到老了，身边还能留下几个陪伴一生的好闺蜜，那真是何等的幸福啊！我那 70 岁的老妈妈现在生活中最幸福的事，就是和闺蜜一起去唱歌去旅行，然后每次回来都感慨一句，那个谁谁去世了，当年一起走过青春的闺蜜现在就剩下谁谁谁了……每当听到她说这些，我都会在心里默默地感慨一句：不光青春留不住，看看，连生命都留不住……

也许是新年伊始，我和闺蜜的话题很自然地围绕在如何过好这一年。年轻时对于时间毫无概念，总觉得每一年都过得好漫长，人近中年才发现，时间竟然如此不留情面，不管你如何不情愿，如何挽留，时间都会匆匆流过，我们都会按时长大，不出意料地变老。有一天，我也会和老妈一样地感慨：那个谁谁谁走了……

既然时间如此不讲情面，那我们也别客气了，尽其所能，享受生命，善待生活，过好每一天才是王道。

这几年疫情大数据的流调信息发人深思：52 岁的绍兴出租车司机，多日里每天跑车 20 小时；45 岁南京妈妈，除在机场做保洁外，其余时间全部是带孩子去各种培训班；35 岁的爸爸，晚上在东莞居住，早上送完孩子又坐大巴地铁赶去深圳打工；还有沈阳大爷的鸡架，广州阿婆的早茶，扬州天天麻将馆……因为疫情流调信息，让我们看到了不同人的生活轨迹。也许从来没有哪个时候，让人们的生活轨迹如此直白地呈现在公众面前，疫情改变了人们的日常，但却更让每一个人清晰地看到自己的生活轨迹。这些大数据，其实就是我们的生活链条，你的时间花在哪里，哪里就会有所收获。

上学的时候，我们都给自己制定过小目标；上班后，也会有年初计划——赚它一个亿。但是人近中年后，反而却会发自内心地去制定规划，这不是硬性地去完成谁交给你的任务，而是自我的要求，更是对时间紧迫的反弹。

然而，中年女人的这份计划中，反倒不会有那些很明确的清单了，因为你越来越了解自己，即便制定了详细的计划，你也会因为这样那样的原因没有完成。比如，健身、读书、旅行，这样的万能计划，每一年都会自信满满地制定，到了年尾却又各种找借口的避而不敢谈。不是我们太懒，而是自律本身就需要付出极大的痛苦和孤独，而这些都是反人性的……当我们需要和人性中的弱点去斗争的时候，败下阵来的往往是我们自己。

真正的成熟大概就是：喜欢的东西依旧喜欢，只是不再强求拥有了；害怕的东西依旧害怕，只是敢于面对了。

所以，我们就制定一个模糊的计划吧，别太为难自己，别太强求。中年女人已经渐渐学会坦然接受自己的不完美，毕竟，生活已经把我们磨炼成独当一面的女汉子，再不是那个父母手心里的小公主，即便也许你还有一颗公主心。

生活是个结，解不开，就拧成花。

对生命而言，接纳才是最好的温柔。

很多事，不是你想通透了才知随缘，而是随缘了才会通透。

目之所及皆是回忆，心之所向皆是过往。

放下执念，心才能回归安宁。

这些人生哲理，也许你无数次地听过见过，但是又有几个人能做到呢？

或者说，心甘情愿地做到呢？大概，我们都需要在人世间不断地修炼，才能在年老的时候成长为刀枪不入的女神。

和闺蜜结束聊天，走出那间咖啡馆的时候，天已经快黑了，这样的暮色中薄雾冥冥，一个跑步的男子从对面经过，他浑身都被汗水浸湿了，但却张开双臂尽情享受着令人舒爽的细雨，那种陶醉令我神往。人生就该如此，即便大雨滂沱，也要有尽情享受的心境。

每个人的境遇不同。老人们常说，家家有本难念的经，可是即便如此，我们也要尽最大的努力，靠自己的本事，把日子过好，这是本事，也是能力。

新的开始，总是充满憧憬的，毕竟未来可期。那些过去留下的遗憾，遭受的打击，面临的痛苦，也许都可以在万象更新的时候得到缓解，这就是时间的魔力，一切清零，重新开始。无论好坏，这篇就这么翻过去了，所以，我们不需要纠结过往，只需专注当下。

详细的计划，自有安排，就给自己定一个模糊的修心小目标吧，一切的不如意，也许都会因此减轻副作用。毕竟，学会和自己独处，学会在失败中成长，才是我们人生幸福的秘籍，需要终身修炼。

共勉！如下：

即使世界偶尔凉薄，内心也要繁花似锦。

所有热爱的事情都要不遗余力。

无论谁离开了你，别忘了，对方没来之前，你本就是一个人生活。

来日并不方长，后会也许无期。

任何值得去的地方都没有捷径。

要好好生活，总会有一个人惦记着你。

种自己的花，爱自己的宇宙。

图书在版编目（CIP）数据

解不开，就拧成花 / 曹琳琳著 . -- 沈阳 : 沈阳出版社 , 2023.7

ISBN 978-7-5716-3607-4

Ⅰ . ①解… Ⅱ . ①曹… Ⅲ . ①女性 – 修养 – 通俗读物 Ⅳ . ① B825.5-49

中国国家版本馆 CIP 数据核字（2023）第 128673 号

出版发行：沈阳出版发行集团|沈阳出版社
（地址：沈阳市沈河区南翰林路10号 邮编：110011）
网　　址：http://www.sycbs.com
印　　刷：丹东市天源印刷包装有限公司
幅面尺寸：160mm × 230mm
印　　张：13
字　　数：178千字
出版时间：2023年7月第1版
印刷时间：2023年7月第1次印刷
选题策划：郑　为　汪　茜
责任编辑：田　强　王冬梅
装帧设计：1949品牌咨询
责任校对：张　磊
责任监印：杨　旭

书　　号：ISBN 978-7-5716-3607-4
定　　价：60.00 元

联系电话：024-24112447
E - mail：sy24112447@163.com